别莱利曼·趣味科普经典丛书

物理

〔俄〕雅科夫·别莱利曼 著

刘时飞 译

中国水利水电出版社
www.waterpub.com.cn

·北京·

内 容 提 要

这是一本讲述物理学基础知识的趣味科普经典。别莱利曼为读者精选了一系列简单有趣的物理现象，用独特的写作手法，将一个个神奇而经典的物理原理展现在读者的眼前，然后再揭开其中蕴含的奥秘，使读者在学习到物理学领域中的大量课题的同时，还能发现各种奇思妙想以及让人意想不到的比对，而这些内容有的恰巧来源于我们生活中每天都会遇到的事件。

图书在版编目（ＣＩＰ）数据

有趣的物理 ／（俄罗斯）雅科夫·别莱利曼著 ； 刘时飞译. -- 北京 ：中国水利水电出版社，2021.5
（别莱利曼趣味科普经典丛书）
ISBN 978-7-5170-9551-4

Ⅰ．①有… Ⅱ．①雅… ②刘… Ⅲ．①物理学—青少年读物 Ⅳ．①04-49

中国版本图书馆CIP数据核字(2021)第073344号

书　　名	**别莱利曼趣味科普经典丛书·有趣的物理** BIELAILIMAN QUWEI KEPU JINGDIAN CONGSHU·YOUQU DE WULI
作　　者	〔俄〕雅科夫·别莱利曼 著　 刘时飞 译
出版发行	中国水利水电出版社 （北京市海淀区玉渊潭南路1号D座　100038） 网址：www.waterpub.com.cn E-mail: sales@waterpub.com.cn 电话：（010）68367658（营销中心）
经　　售	北京科水图书销售中心（零售） 电话：（010）88383994、63202643、68545874 全国各地新华书店和相关出版物销售网点
排　　版	北京水利万物传媒有限公司
印　　刷	唐山楠萍印务有限公司
规　　格	146mm×210mm　32开本　9印张　180千字
版　　次	2021年5月第1版　2021年5月第1次印刷
定　　价	49.80元

名师点评人简介

李俊鹏，北京市海淀区教师进修学校物理教研员，高级教师，北京市优秀教师，北京市学科带头人。多年来致力于学校课程建设及物理教学研究，在《物理教师》《中学物理教学参考》《中学物理》等核心期刊发表文章20余篇，著有《指向核心素养的高中物理教学设计》《物理教学研究与指导》等专著。

张虎岗，河北省隆尧县实验中学物理教师，高级教师，河北省优秀教师，河北省名师张咏梅工作室成员，隆尧县名师张虎岗工作室主持人。多年来，致力于初中生物理学习兴趣的培养与研究，在教学中以"兴趣引入——志趣养成——妙趣感悟"为主线引导学生喜欢物理、学习物理，并享受物理带来的乐趣。近年来，著有《发现不一样的物理》《初中物理是这样学好的》《挑战压轴题·中考物理·轻松入门篇》等畅销图书。

目录
CONTENTS

第一章 致年轻的物理学家们

第二章 用报纸进行一些物理实验

第三章 72 个物理问题和实验

第四章 视觉欺骗

第五章 动脑筋小博士

第一章 致年轻的物理学家们

护窗板被关上了，所以当伊万·伊万诺维奇走进房间的时候，他看到的是一片漆黑。而光线透过护窗板上的小洞射进来，显得光彩夺目，绚烂多彩。阳光照到对面的墙上，勾勒出一幅美丽的图画，我们可以在图画上看到铺着芦苇的屋顶、树木和晾在院子里的衣服，只不过这一切都是倒过来的。

比哥伦布还厉害

　　"哥伦布是一个伟大的人,"一个小学生在作文里这么写道,"他不仅发现了新大陆,并且还把鸡蛋竖了起来。"这个年幼的小学生认为,这两项成就非常令人惊叹。但是,美国幽默作家马克·吐温却认为,哥伦布发现美洲没什么可大惊小怪的:"要是他没发现美洲,那才稀罕呢。"

　　可我却认为,这位伟大航海家的第二项成就并没有什么特别。你知道哥伦布用什么方法把鸡蛋竖起来的吗?他只是把鸡蛋放在桌上,敲破了蛋壳的底部。这样一来,鸡蛋的形状当然就改变了。那么,怎样才能不改变鸡蛋的形状同时把它竖起来呢?这位伟大的航海家最终也没有解决这个问题。

　　其实,解决这个问题比发现新大陆,甚至比发现一个弹丸小岛都要简单得多。下面有三种方法:第一种方法可以把熟鸡蛋竖起来,第二种方法可以把生鸡蛋竖起来,第三种方法可以把生、熟鸡蛋都竖起来。

　　要把熟鸡蛋竖起来,只要用一只手的手指或者用两个手掌把鸡蛋转起来,就像转陀螺一样,鸡蛋就可以竖着旋转,直到旋转结束之前,鸡蛋都会一直是直立的状态。试过几次之后,这个方法做起来一点儿也不难。

　　但是用这个方法竖生鸡蛋就不容易了,因为——你或许已经发现——我们很难把生鸡蛋转起来。值得一提的是，这是区别生鸡蛋和熟鸡蛋的好办法。生鸡蛋里面的液体状物质不会随着蛋壳一起快速地旋转，而就像是要阻碍旋转一样。因此就必须用别的办法把生鸡蛋竖起来。

方法的确有：只要用力地摇晃生鸡蛋几次，蛋黄表面的薄膜就会裂开，蛋黄就会从里面流出来；接着把鸡蛋大头朝下竖立一段时间，慢慢地，蛋黄——因为比蛋清重——就会流到鸡蛋底部汇聚起来。于是，鸡蛋的重心就变低了，它比没有摇晃过的鸡蛋有更大的稳定性。

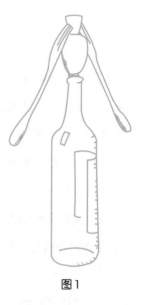

图1

还有第三种方法可以竖起鸡蛋：把鸡蛋放在一个塞住的瓶口上，然后把一个两侧各插着一把叉子的软木塞放在鸡蛋上（图1）。这个"系统"（以物理学家的说法）是非常稳定的，即便是小心地倾斜瓶子，它也能一直保持平衡。为什么软木塞和鸡蛋不掉下来呢？这跟在铅笔上插上一把小刀，然后把它垂直竖在手指上，铅笔不会掉是一个道理（图2）。

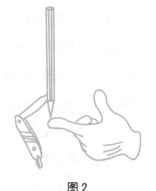

图2

科学家可能会这样解释："因为系统重心低于支持点。"这句话的意思是，"系统"重量集中的那个点，比它架住并接触的那个地方要低。

离心力

把一把雨伞撑开，伞顶向下立在地上，然后旋转雨伞，同时在里面扔一个小球、纸团或者手帕——总之只要是重量轻、不易碎的东西都可以。这时一定会发生你想象不到的事。雨伞好像是不愿意接受礼物：小球、纸团或者手帕一直向上滚到雨伞的边上，并且会从那儿沿着直线飞出去。

在上面的实验中把小球抛出去的力，通常称为"离心力"，虽然更准确的说法应该叫作"惯性离心力"。只要物体在做圆周运动，就会产生离心力。这其实就是惯性——运动着的物体保持运动方向和运动速度的倾向——的一种表现形式。

实际上，我们遇到离心力的情况远比我们知道得多。如果你把系在绳子上的石头甩起来，你会感觉到在离心力的作用下绳子会绷得很紧，并且可能会断掉（图3）。古时候用来抛石头的武器——投石器——就是利用这样的原理。如果磨盘转得过快或者不够牢固，离心力会把它弄碎。如果做得好，离心力还可以帮你变戏法：杯底朝上，杯子里的水却不会漏出来。想变这个戏法只要快速地转动杯子，让它做圆周运动就行了。离心力还能帮助马戏团的自行车手完成令人头晕目眩的"超级筋斗"（图3）。所谓的离析器也是利用离心力从牛奶中把凝乳分离出来；离心分离机则是利用离心力从蜂房中把蜂蜜抽取出来；特制离心脱水装置可以利用离心力把衣服甩干；等等。

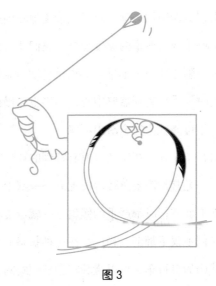

图 3

如果有轨电车的行驶线路突然发生改变，比如从一条街道转向另一条街道，乘客就会明显地感觉到离心力把自己推向车厢靠外的一侧。如果外侧的车轨没有按规定比内侧车轨铺得略高一些，在电车行驶得太快的情况下，整个车厢就可能在离心力的作用下翻倒。因此，在按规定铺设的车轨上，车厢在转弯的地方会稍稍向内倾斜。这听起来让人觉得很奇怪：倾斜的车厢竟然比水平的车厢稳定！

不过事实就是如此。一个小实验就能帮助你弄清楚原因。把一张硬纸板卷成一个宽口的喇叭，如果能在家里找到圆锥形侧壁的小碗就更好了。最好是圆锥形的铁皮罩或者玻璃罩——灯罩就可以。准备以上任何一种物品都可以，在里面放上戒指、小金属片或者硬币，让它们沿着器皿做圆周运动，就可以清楚地看到这些小物品向内侧倾斜。如果硬币或者戒指的速度变慢，它们就会慢慢向器皿的中心靠近，圆周会随之变小。不过只要稍稍转动器皿就可以让硬币重新转快——此时硬币会离开器皿中心，圆周也会慢慢变大。要是硬币转得太快，很可能就会完全滑出器皿。

为了进行自行车比赛，赛车场里设有特别的环形赛道。可以看到，这些赛道——尤其是需要急转弯的地方——都十分明显地向内倾斜。自行车在上面骑行时都严重的倾斜——就像实验中器皿里的硬币——但是它们不仅不翻倒，相反，在这种状态下它们才能变得特别稳定。马戏团的自行车手可以绕骑在剧烈倾斜的木板上，观众们对此十分惊奇。现在你明白了，这其实没什么困难的。相反，对于自行车手来说，要沿着平稳、水平的道路还要骑得快才是件难事呢。同样的道理，赛马手也会在急转弯的地方向内侧倾斜。

现在我们要从这些生活中的小现象开始思考大一点的问题。我们居住的地球也是一个在转动的物体，那么它应该也受到了离心力的作用。这个离心力在什么地方能体现出来呢？答案是，由于地球的自转，地表的所有物体都变轻了。越靠近赤道的物体，在24小时内形成的圆周就越大——这也就是说，它们旋转的速度更快，因此减少的重量也就越多。如果把1千克的砝码从地球两极拿到赤道用弹簧秤重新测量，就会发现重量减轻了5克。虽然这个差别不算大，不过物体的重量越大，它减少的重量也会越多。从阿尔汉格尔斯克到敖德萨的蒸汽机车，会减轻60千克——相当于一个成年人的体重。2万吨的战列舰从白海到达黑海后，会损失恰好80吨。这和一辆蒸汽机车的重量一样！

为什么会出现这种状况？因为地球在旋转时，会倾向于把地球表面的所有物体都抛出去，就像我们的实验中雨伞会把伞内的小球抛出去一样。地球本可以把这些物体都抛出去，但是这些物体又受到了地球引力的作用，我们把这种引力称为"重力"。虽然地球没能把物体抛出去，但是减少它们的重量却没问题。这就是为什么物体会因为地球的自转运动而变轻。

旋转得越快，减轻的重量就会越明显。科学家们经过计算发现，如果地球改变转动速度，以目前速度的17倍运动，则赤道上的物体就会彻底失去重量。如果转得速度再快些，比如每小时自转一周，那么不光是赤道上，赤道附近的所有国家以及海洋上的物体的重量都会消失。

想一想如果是这样会发生什么吧：物体没有了重量！这也就意味着没有你举不起来的东西了，比如蒸汽机车、大石块、巨型炮、整个军舰，甚至所有的汽车、武器，举起它们就像拿起一根羽毛。就算你让它们掉了下来，也没事，谁也不会被压死。实际上它们根本就不会掉下来，因为它们没有重量！在哪儿松开它们，它们就会飘在哪儿。如果你在空中气球里，想把里面的东西扔出去，它们也不会掉下去，只会在空中悬浮着。世界变得多么有趣啊！你能够跳到前所未有的高度，做梦都想象不到的高度：比最高的建筑和山峰都要高。但是有一点别忘了：往上跳是很容易，只是想回到地面就没办法了。因为那时没有了重量，你自己是没办法往下面掉落的。

这样也还会有其他的麻烦。想象一下：所有的物体，无论是大的还是小的，如果没有被固定住，那么一点点的微风就会把它们吹起来飘浮在空中。人类、动物、汽车、运货车、轮船，所有的东西都会在空中乱七八糟地飘荡，相互碰撞，甚至造成损坏。

这就是如果地球运转得太快会导致的结果。

10 个陀螺

你可以在下面的插图里看到用10种方法做成的不一样的陀螺。它们可以帮助你完成一系列有趣的实验。制作这些陀螺很容易，你可以自己动手完成，不需要别人的帮忙，也不用花钱。

让我们看看应该怎么做吧。

（1）如果你可以找到一个有5个小眼的纽扣，接下来做一个陀螺就非常容易了。从中间的小眼——实际上也只有这个小眼有用——插进一个一头削尖的火柴，就可以做成一个陀螺了（图4）。这个陀螺不仅能用削尖的一头转，也能用钝头转。像平常那样做就

图 4

可以：让钝头朝下，捏紧转轴，接着再快速地把陀螺甩到桌子上，陀螺就会转起来，并且还会有趣地摇来晃去。

（2）不用有眼的纽扣也能够制作陀螺，比如软木塞。在软木塞上切下一个圆片，从中间穿过去一根火柴，陀螺就做好了（图5）。更好的办法是找一个又平又大的软木塞（或者瓶子上的塑料盖）。用烧红的铁丝或毛衣针在软木塞转轴的位置烫一个洞，插上火柴就做好了。这种陀螺转的时间又长又平稳。

图 5

（3）图6是一个独特的陀螺——核桃陀螺。它可以尖头朝下进行旋转。要把一个核桃制作成陀螺，需要在核桃的钝头插上一根火柴，捏住火柴就能把它转起来。

图 6

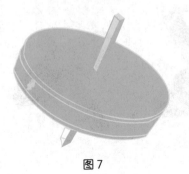

图7

（4）下面介绍一种特别的制作方法：拿一个装面霜的小圆盒，把一根削尖的火柴从盒子中间穿过去。为了把火柴固定圆盒上，需要在小洞里倒上一点蜡油（图7）。

（5）下面你会看到一个十分有趣的陀螺。用一张硬纸剪一个小圆片，在它的边沿系上带吊钩（活扣）的圆扣。转动陀螺时，纽扣会随着圆纸片的半径被甩起来，短线会绷紧，这就是前文提到过的离心力在发挥作用（图8）。

（6）下面的方法与刚才的类似（图9）。用大头针穿上彩色的小圆珠，再插到从软木塞上切下的圆片四周。转动陀螺的时候，在离心力的作用下，圆珠便会被甩向大头针帽的方向。假如光线好的话，大头针会变成连续的银白色光带，小圆珠则会形成一条彩色的花边围绕在光带上。如果想欣赏到更美妙的陀螺，把陀螺放在光滑的盘子上就能有更好的效果。

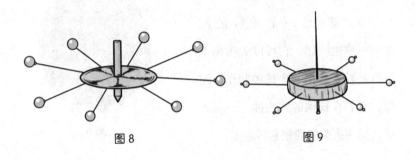

图8　　　　　　　　　　　　图9

（7）彩色陀螺（图10）。
制作这种陀螺有些麻烦，但是
我们的劳动却能得到令人惊奇
的效果。在一张硬纸板上剪下
一个小圆片，把一根削尖的火

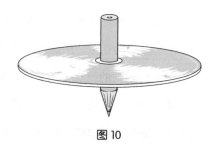

图10

柴从中间插进去，然后用两片软木塞圆片上下把纸片压紧。现在，
在硬纸片上通过圆心画半径，就像分蛋糕一样，把圆平均分为几等
分。接着在各个部分——数学家会把它们称为"扇形"——涂上黄
蓝相间的颜色。当陀螺旋转起来的时候，你会发现什么？圆片的颜
色既不是蓝色，也不是黄色，而是绿色。黄色和蓝色经过融合形成
了新的颜色——绿色。

（8）接着进行类似的实验。在一张圆纸片上涂上天蓝色和橙黄
色相间的颜色。这时候，纸片在旋转时表现出的既不是蓝色也不是
黄色，而是白色（更准确地说，是浅灰色，并且涂的颜色越纯正，
呈现的灰色就越浅）。在物理学上，如果两种颜色混合后变成白
色，我们就称这两种颜色为"互补色"。这个陀螺实验告诉我们，
天蓝色和橙黄色是互补色。

如果可以找到足够的颜色，你就可以完成一个300年前由著名
的英国科学家牛顿最早完成的实验。实验如下：在圆纸片的扇形部
分涂上彩虹的七种颜色，也就是红、橙、黄、绿、青、蓝、紫。旋
转的时候，这七种颜色会融合成灰白色。这个实验证明，任何一缕
看似是白色的太阳光都是由许多不同颜色的光线汇聚而成的。

　　还可以对彩色陀螺做出一些变化：当陀螺旋转时，在上面套上一个纸圈，这时候纸片的颜色又会马上发生变化（图11）。

　　（9）会画画的陀螺（图12）。制作这个陀螺的方法和上面的方法一样，只是不是用削尖的火柴或者小棒做转轴，而是用削尖了的软铅笔。在略微倾斜的硬纸板上旋转做好的陀螺。陀螺旋转的时候会慢慢沿着倾斜的纸板向下，同时铅笔就会在纸板上画出螺旋形的线条。很容易就可以数出螺纹的圈数，这样的话，因为陀螺旋转一圈，铅笔就会画出一圈螺纹，于是就能够利用手表计算陀螺每秒钟的转速了。只是用眼睛没办法数清楚陀螺转了几圈。

图11　　　　　　　　　　图12

　　下面制作另一种能画画的陀螺。做这种陀螺需要一块圆形的铅片。在中间扎出一个小孔（铅很软，容易穿孔），接着在孔的两旁再各钻一个小孔。

　　把一根削尖的小棒插入中间的孔，在旁边的一个小孔穿进一段细线或者一根毛发，让线或毛发的下部稍微长过转轴梢，接着再用折断的火柴棍固定住。第三个孔虽然没有用，但是我们穿这个孔可以让铅片转轴两边的重量保持平衡，否则，重量失衡的陀螺就不能平稳地转动了。

现在，会画画的
陀螺就完成了。但是
我们还需要一个被熏
黑的盘子才能继续完
成实验。把（木柴或

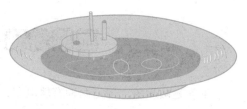

图 13

者蜡烛燃烧的）火焰放在盘子下面烧一会儿，直到在盘子的表面形
成一层浓黑的烟迹，接着把陀螺放到熏黑的盘子上。陀螺在旋转
时，线头的末端就会在烟迹上画出白色的花纹，尽管杂乱，不过还
是非常好看的（图 13）。

（10）还剩最后一种陀螺就全部完成了，它就是旋转木马陀螺。
实际上，这种陀螺做起来比看上去要简单得多。这里需要的圆片和
转轴和我们前面制作彩色陀螺所使用的是一样的。用大头针在圆片
上对称地插上小旗，接着再贴上坐着马的小骑士。这样，一个迷你
旋转木马就做好了（图 14）。

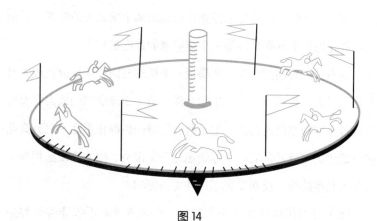

图 14

碰撞游戏

　　不管是两艘船，还是两辆有轨电车，或者是两个槌球撞在一起，无论它们是一场意外事故还是游戏，物理学家把这类事件都称为"碰撞"。虽然碰撞发生的时间只有一瞬间，但是，如果碰撞的物体具有弹性——这种情况经常发生，那么，会有非常复杂的事情在这一瞬间发生。物理学家把弹性碰撞分成三个阶段。第一阶段，相撞的两个物体在接触的地方相互挤压。第二阶段，相互挤压达到最大限度。此时，由于弹力要平衡挤压的力，所以挤压产生的弹力会阻碍挤压的进一步发展。第三阶段，由于弹力试图恢复物体在第一阶段被改变了的形状，因此把物体推向相反的方向。这时，撞击的物体反倒像是被撞了一下。我们可以观察到这样的现象：如果让一个槌球撞向另一个与它重量相等的静止的槌球，由于反冲力的作用，那么这个撞过来的球会停止在被撞的那个球原来的位置上，而之前静止的那个球则会以第一个球撞来的速度被打飞。

　　还有一个有趣的实验：如果把一个槌球打向一串排成直线并且互相紧挨着的槌球上，会发生什么呢？第一个球受到的撞击好像可以经过整串球被传递过去，但是所有的球仍然静止不动，只有离撞击点最远的也就是最后一个球快速地飞了出去，因为它没法把冲击力传给其他的球，反而受到了反冲力的影响。

　　除了可以用槌球做这个实验外，跳棋或者硬币也能够很好地进行实验。先把跳棋摆成一排，只要让它们互相紧挨着，可以摆得很长。用手指按住第一个棋子，拿木尺敲打它的侧面，这时你会看到，另一头的棋子会飞出去，而中间的棋子依然静止不动（图15）。

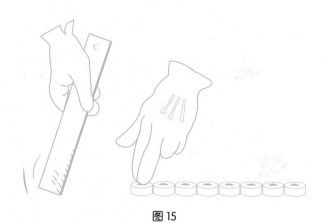

图15

杯子里的鸡蛋

杂技演员可以把桌子上的台布抽出来，同时保持桌子上的所有东西——盘子、杯子、瓶子——原封不动，观众对这个把戏惊叹不已。这其实并没有那么神奇，但是这也不是骗术，只要你手脚灵活同样可以做到，并且熟能生巧。

当然，你不太可能练到同样纯熟的手艺。但是做一个相似的小实验倒很容易。在桌子上放一个杯子，里面盛上半杯水，再准备一张明信片（最好是半张）。接着向长辈们要一个大的（男式）戒指，还有一个煮熟了的鸡蛋。然后把这四样东西如下摆放：用卡片把水杯盖住，在卡片上放上戒指，然后把鸡蛋竖在戒指上。能不能把卡片抽出来同时不让鸡蛋滚落到桌子上呢？（图16）

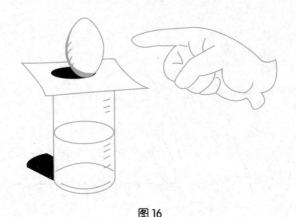

图16

乍看起来，这和不让桌子上的盆和碗掉下去同时抽出桌布一样困难。实际上，只要用手指轻轻地在卡片边上弹一下，你就可以出成功地完成这个奇妙的实验。卡片会被弹出去飞到另一边，而鸡蛋和戒指却可以完好无损地掉落在水杯里。水减弱了鸡蛋的冲击力，可以保持蛋壳的完整。

做熟练这个实验以后，你还可以尝试一下用生鸡蛋来做。

这个实验的奥秘在于，卡片被弹出去的时间很短，鸡蛋还没有来得及从被弹出去的卡片那里获得任何速度，直接受到冲击力的卡片就已经飞了出去。而鸡蛋失去了下面的支撑，就直接落在了杯子里。

如果你没办法马上做成功这个实验，可以先练习做一些稍微容易点儿的类似的实验。把明信片（最好是半张）放在手掌上，然后在上面放上一枚重一点的硬币。接着把明信片从硬币下弹出去，这时候，纸片飞出去后硬币还会留在手里。如果把明信片换成交通卡，实验会变得更加好做。

不可能的断裂

我们总是能在舞台上看到一些看起来很神奇，可是实际上原理很简单的魔术。把一根长长的木棍挂在两个纸环上，如图17所示，用纸环把木棍的两端套住，再把两个纸环分别搭在剃刀的刀刃和烟斗上。当魔术师用另一根棍子在棍子上用力地打一下，大家可以猜一下，会发生什么呢？那根挂在纸环上的木棍断了，而那两个纸环却毫发无损。

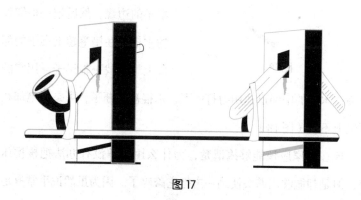

图17

其实，这个实验和上面那个实验的原理是一样的。因为冲击力的速度非常快，使得它在木棍上所能够产生作用的时间变得非常短，所以，在纸环和木棍的两端，根本没有时间发生任何的运动。只有那部分受到了直接冲击的木棍产生了运动，这也就是木棍被折断的原因。足够迅速和足够猛烈的速度，是这个实验的关键所在。如果击打木棍的时候缓慢而又无力，那么，扯断的只会是纸环，而不会是木棍。

如果我们的魔术师技艺足够高超，他还能够在不损坏玻璃杯的情况下，打断夹在两个玻璃杯杯口的木棍。

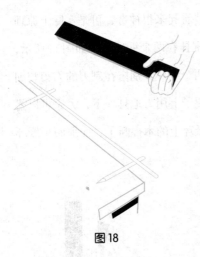

跟大家说这些的目的，当然不是让大家去表演类似的魔术，不过可以尝试一些比较简单的实验。可以把两支铅笔放在一张矮桌子或者是凳子的边上，并让铅笔有一小部分超出桌子的边缘，然后把一根细长的木棍放在铅笔超出桌子的部位上。再找一根尺子，用它的

图18

边棱在木棍的中间迅速用力打一下，木棍被打断了，可是铅笔却在原位上不动（图18）。

现在大家应该能够搞清楚，为什么用手掌没有办法把核桃压碎，但是却能够用拳头使劲一击把它敲碎了。因为虽然说手掌有足

够大的力量，但它的力道是均匀的，而拳头的冲击力除了分散到了手的柔软的部分以外，它肌肉的部分像坚硬的物体一般把核桃的反冲力给抵挡回去了，所以，核桃也就被敲碎了。

同样的原理还可以解释为什么子弹打在玻璃上留下的是一个小圆洞，而用手把石子往玻璃上扔，却能够击碎整块玻璃。

最后，再举一个用树条把树干抽断的例子。如果抽打的时候，速度不够快，那么不管怎么用力，都是不能把树干抽断的，结果甚至会反过来。可是，如果速度相当快，除非树干非常粗，否则的话，也是可以把树干抽断的。这个例子的原理和前面是一样的。快速运动的树条的冲击力还没有被分散到整个树干上，只是在树干和树条接触的那一小部分地方集中，结果就是，把树干抽断了。

模拟"潜水艇"

鸡蛋如果新鲜的话，在水里是会沉下去的。这个现象是每一个有经验的家庭主妇都知道的。

事实上，主妇们也是用这个简单的方法来判断鸡蛋是否新鲜：如果新鲜，就会下沉，而如果不新鲜，就会浮着。物理学家对这个现象是这样解释的：同体积的纯净水的重量要小于新鲜的鸡蛋的重量。需要提醒大家的是，水必须是纯净的才行，因为如果水不是纯净的，如盐水，那么，鸡蛋的重量就会小于水的重量，鸡蛋就不会下沉。

准备好一杯浓度足够大的盐水，使得鸡蛋在水中排开的盐水的重量大于鸡蛋的重量，这样的话，从古希腊的阿基米德发现的浮力原理我们可以知道：就算是最新鲜的鸡蛋，也不会沉下去。

现在让我们好好想一下，如何能够让鸡蛋不沉下去，也不浮在水面上，而是好像在水里悬浮着一样。鸡蛋的这种状态，也就是物理学家所说的"悬浮"状态。为了做这个实验，你需要准备的是一杯浓度使得在水中的鸡蛋排开的水的重量和鸡蛋的重量刚好相等的盐水。要调好盐水的浓度，唯一的方法就是多试几次：如果鸡蛋沉下去了，就往盐水里加浓度更高的盐水；如果鸡蛋在水面上了，就往盐水里加清水。如此反复试过几次之后，你才能得到浓度刚好的盐水，这种情况下，在水里的鸡蛋，既不会沉下去，也不会在水面上，不管它是处在水里的哪个位置，它都会在水里保持一个静止的状态（图19）。

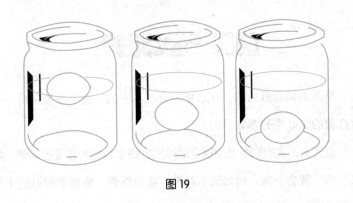

图19

潜水艇的原理和这个是一样的。潜水艇之所以能够潜在水里而不沉下去，也不浮起来，原因就是它排开的海水的重量和它自身的重量刚好相等。如果要让潜水艇沉下去，水兵们就会把海水从下面往潜水艇专门的水仓里灌；如果要浮起来，就再把里面的水排出来。

再来说说飞艇。飞艇之所以能在空中飘浮，同上面的原理也是一样的：就像在盐水中悬浮的鸡蛋一样，飞艇排开的空气重量和它自身的重量也刚好相等。

水面浮针

我们怎样才可以在水面上把一枚缝衣针像稻草一样浮起来？这看起来似乎是完全不可能实现的，因为缝衣针都是一块实心的铁做的，就算它非常小，也不可能浮起来。大部分人都是这样认为的，也许你也是其中的一员，那么，你的看法将会因为下面的实验而改变。

找一根不算很粗的缝衣针，在上面抹上一点黄油或者是猪油，并把它小心地放到碗里，或者水桶里，或者杯子里。你会看到一个神奇的现象：缝衣针是在水面上浮着的，并没有沉到水底。

为什么它没有沉下去呢？我们都知道水比钢轻。毋庸置疑，针的重量是水的 7 ~ 8 倍，不管怎么样，都没办法把它像一根火柴一样随便在水面上浮着。可是我们的实验结果却是针在水面上浮着。仔细观察一下针周围的水面，就可以找到针浮起来的原因。你会发现，针周围的水面是凹下去的，形成了一个针可以在里面浮起来的小的凹槽。

水面会凹下去的原因是被涂过黄油或猪油的针不能够和水融合。或许你已经观察到，在我们的手很油腻的情况下，如果用水冲手，结果是我们的手还是干的，而不是湿的。鹅的翅膀，和几乎所有的水禽的翅膀一样，覆盖着一层由特殊的腺体分泌出来的脂肪，这也是水不会沾到它们身上的原因。这就是为什么在我们的手很油腻的情况下，如果不用肥皂的话，就算是用热水也不能把手洗干净，而肥皂可以把油脂层破坏，并使它和皮肤分离开来。油腻的针在水里同样也是不会被弄湿的，而是在水膜压成的凹槽底部漂浮着，水膜会产生一个水面上的张力，使得水面恢复。也正是这个试图恢复水面的张力使得针可以在水面上浮着，而不是沉下去。

由于很多时候我们的手是油腻的，就算不在缝衣针上特意地涂上猪油，也会有一层薄薄的油层附着在被手拿过的针上。所以，就算我们不把猪油特意涂到针上，针也会在水面上漂浮起来，只是需要非常小心谨慎地把它放在水面上。我们还可以采取下面的做法：先把针放在卷烟的碎纸上，再用另一根针把碎纸慢慢地压下去。这样，针会在水面上漂浮，而碎纸则沉下去了。

知道了这些以后，如果你看到一种能在水面上爬行的昆虫——水龟虫，就像在陆地上一样爬行，那你也不会觉得奇怪了（图20）。你应该可以猜到，因为有一层油在这种昆虫的足部，使得它的足部不仅不会被水弄湿，而且水膜上会产生一个反作用力，从下面把它的重量支持起来。

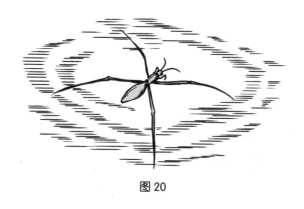

图 20

潜水钟

这个实验其实很简单，你需要的就是一个普通的洗脸盆，当然，如果你可以用一个宽口且深底的罐子来做这个实验，那会变得更加地轻松。另外，我们还需要的道具是一个高筒的玻璃杯或者是高脚杯。你的潜水钟就是这个杯子，而盛水的脸盆发挥的是缩小版的大海或者湖泊的作用。

估计我们是没有办法找到一个实验比这个还要简单的了。把玻璃杯以倒扣着的状态压在水底部，再用手把杯子按住（以免杯子被水冲倒）。这时，你会清楚地看到，因为杯子里的空气的压力作用，使得几乎没有水流进玻璃杯。如果你在潜水钟的底部提前放一个类似于糖块的吸水的物体，就能更清楚地看到这个现象。从软木塞上切下一块圆片，并在它上面放一块糖，然后放在水面上，再用玻璃杯把它盖上，并且把玻璃杯压到水底部。虽然糖块在水面

图 21

下面，但是它依然没有湿，因为杯子里面没有水进去（图21）。

我们也可以用玻璃漏斗来做这个实验。用手指把漏斗的窄口摁住，把宽口朝下，然后把漏斗往水里扣，但是水还是不会往漏斗里面流。可是，如果你把窄口上的手指移开，使得空气可以流通，那就会立刻有水往漏斗里面涌，直到漏斗内外的水面保持相同的高度。

现在你应该意识到了，空气并不是我们所认为的那样是"消失的"。虽然我们看不到它，但它的的确确是占据了一定的空间的，如果没有地方可以容纳它，它是不会给别的东西让地盘的。

这个实验也向我们解释了人们能够利用潜水钟或者"水套"之类的宽口水管在水下工作的原因。在潜水钟或者"水套"里不会有水流进去，和脸盆里不会有水流进玻璃杯里的原理是一样的。

水为什么不会倒出来

下面要介绍的实验是我年轻的时候做的第一个物理实验，这个实验也非常简单。用一张明信片或者是一张纸盖住装满了水的玻璃杯的杯口，轻轻地用手指把纸片按住，再把杯子倒过来让杯口朝下。拿开压住纸片的那只手，让杯子和水平面垂直，结果会让你大吃一惊——水没有倒出来，纸片也不会掉下来！

在这种情况下，水完全不会洒出来，你端起水来可以说比平时还要简单，甚至于你完全可以大胆地端着水杯走来走去。当有人找你要水喝的时候，如果你是把水杯倒着给他端过去的，相信肯定会让他感到震惊。

你一定很好奇到底是什么神奇的力量支撑着纸片，使它不会掉下来，而是把水的重量给承受起来了？答案肯定是让大家意想不到的，那就是空气的压力。我们可以大概算一下，杯子里面装了差不多200克的水，但是，纸片受到的来自下面的空气的压力要远远大于这200克水的重力。

第一个在我面前表演这个实验的人还给了我一个建议，如果说不想因为表演失败而出丑的话，一定要从杯底到杯口完全装满水。如果说水没有装满，而是让杯子里还有空气的话，做这个实验是不可能成功的，因为杯子里不仅有水对纸片的压力，还有空气的压力，这一部分空气压力和杯子外面的空气的压力刚好完全抵消了，结果显而易见，水就会被倒出来。

当他把这些话说完的时候，为了亲自验证水会不会倒出来，我又马上用一个杯子——里面没有装满水来做这个实验。可结果却让我大吃了一惊——结果和装满水是一样的，卡片没有被水冲下来！经过了几次的反复实验后，我得出了结论——不管有没有装满水，卡片都会在杯口牢牢地贴着，不会掉下来。

不得不说，我从这个经历里得到了一个很好的启示——这个经历让我明白了研究自然现象该用什么样的方法。只有实验才是自然界的最高裁判。看起来再正确不过的理论，我们都应该采取实验的方法检验后才能出真知。17世纪时的第一批自然研究者（佛罗伦萨科学院）对自己有一个严格的要求，那就是"检验再检验"。当实验的结果和理论不相符合的时候，我们该做的，就是去寻找为什么理论会错。

虽然说理论听起来是正确的，可是只要仔细想想，我们还是可以发现实验错在了什么地方。我们可以用手指把没有装满水的玻璃杯杯口的卡片一角稍微拉开，这个时候，我们会发现，会有气泡在水里产生。这又能告诉我们什么呢？这就告诉了我们，外面的空气的密度比杯子里的空气的密度大，不然怎么会有外面的空气要跑到杯子里去呢？这就是奥秘之所在。虽然杯子里的水没有装满，但是外面的空气的密度要比杯子里的空气的密度大，所以，它产生的压力也比杯子里的大。显而易见的是，在我们翻转杯子的时候，由于杯子里的水在向下流动的时候会把一部分空气给挤出来，只剩下一部分空气占据了原来的杯子里的空间，所以，杯子里的空气的压力也就小了，因为它变得稀薄了。

这件小事也告诉我们，只要做实验的时候态度端正认真，你也会从看起来最简单不过的物理实验里进行严肃的思考。事实上，每一位伟人都是脚踏实地从身边的小事里不断学习的。

水中取物

所有和空气有接触的物体都会受到空气的压力的作用。接下来的这个实验，将会向你进一步地展示空气压力，也就是物理学家们所说的"气压"的存在。

把一枚硬币放在光滑的盘子里，并把水倒上去，使得硬币在水底下沉。如果说让你在不弄湿手也不把水倒掉的情况下，不用任何工具把硬币取出来，你肯定会认为是不可思议的事情。那么我想告诉你的是，其实，你是完全可以做到的。

那我们该怎么做呢？把一张点燃的纸放在玻璃杯里，当看到那张纸开始冒烟的时候，立刻把杯子往盘子里倒扣住，倒扣的时候一定要把硬币留在杯子的外面。你

图22

会看到什么呢？只要一小会儿的时间，你就会看到那张纸被烧光，而杯子里的空气也会很快冷却下来。在空气渐渐冷却的过程中，你看到玻璃杯好像有魔力一样，把盘子里的水全部吸进去了，只剩下一个空盘子（图22）。

再等一会儿，等到盘子里的硬币干了以后，你再把它拿走，这个时候，当然不会弄湿手了。

其实很简单就可以把这个实验给解释清楚。我们都知道物体受热后会膨胀，杯子里的空气也一样，受热的时候也会发生膨胀。但是，杯子的容积是固定不变的，所以，空气发生膨胀后，会有一部分从杯子里涌出来。而杯子里的空气开始冷却的时候，它所提供的压力无法和一开始一样把杯子外面的空气抵消掉。所以，杯子外面水面的气压就会比里面的大。很自然地，由于有气压的作用，杯子外面的水就会被挤到杯子里去。所以说，事实上，并不是杯子把水给吸进去了，而是空气把水给挤进杯子里了。

当你明白了这个实验的奥秘之后，也就可以理解，实际上并非一定要用燃烧的纸条或者是浸过酒精的棉花来做这个实验，虽然说人们总是这样建议你，甚至可以说，不用烧任何东西，只要用热水涮一涮杯子，也能够成功地完成实验。我们完全可以不必考虑如何加热杯子里的空气，这完全是无关紧要的，关键是它变热就够了。

我们还可以用下面的方法来做这个实验，这看起来更简单。把喝完茶的杯子趁热倒扣在碟子上，在碟子上提前把茶水倒上，并且让茶水的温度先降下来。这样的话，只需要把茶杯倒扣到碟子里一两分钟，水就会从碟子里涌到茶杯里了。

降落伞

找一张卷烟锡纸，并把它剪成一个巴掌大的圆片，再在它的中间剪出一个一截手指长短的圆形。把一些小洞打在大圆的边上，并用线从中间穿过去，这些线的长度要一样，然后把一个不太重的物体系在这些线的末端。这样，我们就成功地做出来一个降落伞。可别小看它，这是在关键时刻可以说就是人们的救命稻草的救生伞的模型。

想看一看我们的降落伞的功能怎么样吗？把它从窗户往外扔就可以了。扔出去后，绳子会被重物拉紧展开锡纸，降落伞就会稳稳当当地飞着，并在地上轻轻地落下。当然，这是无风时的现象。如果有风，结果就不一样了。就算风特别的微小，也会把降落伞吹向空中，向远方飘去，最后在远方落下。

降落伞能承受的负荷的大小和"伞面"的大小呈正相关（负荷物的作用是为了不翻倒降落伞）。伞面越大，在无风的情况下，它降落的速度就会越慢，有风的时候就会飘到更远的地方。

是什么原因让降落伞可以在空中飞那么长的时间呢？我想你肯定也能够想到，是因为在降落伞掉落的时候受到了空气的阻碍。负荷物之所以没有那么快掉到地上，就是因为有上面的伞面的作用。伞面起到了在几乎不增加重量的情况下，把负荷物的受力面积加大的作用。如果想让空气阻力的效果更明显，那就加大伞面的表面积吧。

当你弄清楚这些后，你也就能够明白灰尘在空气中飘浮的道理了。通常情况下，人们会说是因为空气比灰尘重。事实上，这种说法是完全错误的。灰尘是什么？灰尘事实上就是石头、黏土、金属、树木、煤等的微粒。这些东西的重量可是空气的几百倍、几千倍：石头是空气的1500倍，铁是空气的6000倍，树木是空气300倍，等等。所以，灰尘的重量绝对不会比空气小；相反，它的重量要比空气大得多，它无论如何也不能像木屑漂在水面那样飘浮在空中。

事实上，任何固体或者是液体的微粒都应该是在空气中"下沉"的，也就是往下掉的。灰尘实际上也是往下掉，只是它的掉落方式和降落伞是一样的。那么问题的关键在哪儿呢？当微粒的重量在急剧减少时，它的表面积可不会这样，换句话说，微粒的重量相对于它的表面积来说是非常小的。我们可以比较一下一颗小霰弹和一颗比它重1000倍的子弹，我们就会得出这样的结论：小霰弹的表面积只有子弹的 $\frac{1}{100}$。换句话说，如果按照重量的比较来换算的话，子弹的表面积应该是小霰弹的 $\frac{1}{10}$。我们可以想象，一颗只是子弹重量的 $\frac{1}{1000}$ 的小霰弹，实际上也就是一颗微小的铅粒。如果按照重量来进行换算的话，子弹的表面积只有这颗铅粒的 $\frac{1}{10000}$。空气对它的阻力要比对子弹的大10000倍。所以说，灰尘在空中飘浮的时候，实际上它是在缓缓地落下的，只是一旦有风吹过，它又被吹了起来而已。

纸蛇与纸蝴蝶

找一张明信片或者厚纸板，把它剪成一个玻璃杯杯口大小的圆片，然后沿着螺线用剪刀把它剪开，这样你就得到了一个蛇状的剪开的纸片。按一下"蛇"的底部，使得纸上有一个小坑，然后在缝衣针的针头上把它摁进去，再把缝衣针在软木塞上插住。完成这些之后，"蛇头"就会自然下垂，样子看起来就像是个螺旋阶梯（图23和图24）。

图23

纸蛇做好了，就可以开始我们的实验了。找一个烧着的炉灶，把纸蛇放在旁边，蛇就会开始跳舞。蛇舞动的速度会因为炉火变旺而加快。事实上，纸蛇会或快或慢地在任何高温的物体，比如灯、茶饮旁边转动。在任何热的物体旁边，纸蛇的舞步都不会停下来。当我们把它挂在煤油灯上面的时候，会发现它跳舞跳得更快了！

是什么魔力让我们的纸蛇跳舞呢？那就是气流，那个能够让风磨机转动起来的东西。在任何热的物体旁边都会有一股方向朝上的热气

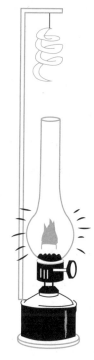

图24

流形成。原因是空气和其他任何物体一样（当然冰除外），体积会随着加热而膨胀，也就是说，因为受热后的空气密度降低了，质量也就变小了。而周围的空气的温度又比较低，因此就不会那么稀薄，质量也会比较大，于是热空气就被冷空气挤到上面去了，进而占据了热空气的位置。但是，刚刚抢占了热空气地盘的冷空气又会被加热，结果也就和刚开始时的热空气一样，被其他的冷空气挤走了。也就是说，当物体的温度高于周围空气的温度的时候，就始终会有一股向上的热气流在它的上方形成，换句话说，就好像热物体旁边有一股热风往上吹一样。而让纸蛇舞来的，也正是这股热风。

当然，我们完全可以找比如说蝴蝶形状的纸片来代替纸蛇。做的时候，最好的材料是卷烟的锡纸。找一根细线或者是头发系在蝴蝶的中间，并把它挂在电灯上，纸蝴蝶就好像活了一样，转动得栩栩如生。而且还会有纸蝴蝶的影子投射在天花板上，影子重复纸蝴蝶的动作的幅度会更大。如果别人不知道的话，还会以为有一只黑色的大蝴蝶飞进了房间里，在天花板上跳舞呢。

我们还可以采取下面的做法：在软木塞里把针插进去，再把剪好的纸蝴蝶扎到尖头上，需要注意的是必须保持纸蝴蝶的平衡（当把针头刚好扎进纸蝴蝶的重心的时候，就可以保持平衡了，不过找到重心需要多尝试几次才行）。如果有热物体在纸蝴蝶的旁边，它的翅膀能够快速地舞动起来。当然，我们为了让纸蝴蝶飞舞得更加生动，还可以用手掌来扇风。

至于说空气在受热之后会膨胀上升形成一股向上的热气流，这个现象我们在日常生活里也是可以时常看到的。

如果房间有供热的话，那么天花板上会汇聚最热的空气，而地面上则会汇聚最冷的空气，这是大家都知道的现象。所以，当房间里的温度不够高，我们经常能感受到一股从脚底往上吹的风。如果屋子里面的温度比外面高的话，当我们打开门的时候，冷空气就会从下面流动到上面，而把热空气往上挤。在门的旁边放一根蜡烛，我们可以通过它的火焰清楚地看到空气的流动。如果想让你的房间保持温暖，那么你就该注意门下面的缝，不能让冷空气从那儿溜进来。找一张毛毯，甚至是一包纸，把底下的门缝给堵住就可以了。这样的话，外面的冷空气就不会从门缝溜进来，也就不会挤压热空气了。

我们还可以在煤炉或者是工厂熔炉里的通风管道中观察到热气流。顺便告诉大家，大气里面的运动，比如信风、季风、海陆风等，也是和冷热空气的运动有关。

瓶子里的冰

如何弄到一瓶冰？似乎在寒冷的严冬做这件事看起来会简单一些。把水倒在瓶子里，然后把它往窗外一放，剩下的，就交给老天了。水会因为严寒而结出冰，而且还能够结出来整整一大瓶的冰。

可是，如果你是自己动手做的这个实验，事实就会出乎你的意料，它远远没有你想的那么简单。虽然结出了冰，可是同时瓶子也因为被冻结的冰撑裂了而没有用了。这是为什么呢？因为水的体积会因为结冰而迅速变大，增大的幅度大概是1/10。不管瓶子是否盖紧，都会因为水的体积膨胀而产生的压力给撑破。就算瓶子没有被盖住，结果也是一样的。这又是为什么呢？因为在瓶颈处的水结冰后，就和一个冰制的瓶塞一样，紧紧地塞住了瓶子。结冰后的水的体积增大所产生的巨大的力甚至可以把金属断裂，除非金属太厚。水结冰后可以把5厘米厚的铁瓶挤破。这也就是为什么水管里的水一旦结成冰，往往会把水管撑破。

　　我们还可以用水结冰后体积膨胀的道理来解释冰不会沉到水底，而是浮在水面上。我们可以假设结冰后的水的体积不是膨胀的，而是缩小的，那么冰就会在水里沉下去，而不是浮在水面上。如果这样的话，很多在冬天才能感受到的乐趣，我们都无法再享受了。

冰块断了

　　如果在一些冰块上施加压力的话，冰块会冻在一起，或许大家都听说过。这个说法所说的并不是压力会让冰块冻得更结实；相反，冰块会因为压力的作用而融化，只不过融化后的冰形成的水又会因为温度低于0℃而迅速冻起来。如果我们施加压力在两块冰块上，那么发生的将是如下的过程：由于受到较强的压力的作用，使得冰块较粗的凸出部分会融化成低于℃的水；这些水不会消失，而是流到了冰块凸出部分之间的缝隙，因为在这些缝隙里的冰没有受到压力，所以那里的水又会迅速结成冰块，结果就是两个冰块最后完全冻在一起了。

下面的实验可以帮助你验证一下上面的说法。首先找出一块长条形的冰块，并把冰块的两头在两张圆凳、椅子或者其他什么东西的边沿上搭着。再把一根长大概80厘米的细铁丝拧成一个圆环，在冰块上横着套上（铁丝的直径必须小于0.5毫米），并把两个熨斗或者其他差不多10千克重的物品系在铁环的下端。因为重力的作用，铁丝会切进冰块去，然后会从冰块中慢慢地切过去，最后穿过冰块掉下来。但是，虽然重物掉了下来，可是冰块却不会断。你可以大胆地把它拿起来看一看，你肯定会大吃一惊，因为冰块一点变化都没有，似乎没有东西从冰块中间切过去一样（图25）。

图25

　　我们已经在上面介绍了冰块之所以会融合起来的道理，所以这个实验的秘密在哪里，你肯定也已经知道了。虽然由于铁丝的压力，冰块会融化，但是被铁丝切过去的水又会迅速结成冰。简而言之，虽然铁丝从冰块中切下去，但当它切到下面的时候，刚刚被切过去的冰块又重新结冰了。

　　在大自然里唯一可以用来做这个实验的物质就只有冰了。这个原理也同样可以用来解释为什么我们可以在冰上溜冰、在雪地里滑雪。当我们在冰上溜冰的时候，冰刀支撑起了我们自身的体重，冰刀下的冰因为压力的作用而融化了（如果天气不是极度严寒的情况下），所以我们就可以用冰刀在冰面上滑行了。当冰刀从一个地方滑行到另一个地方的时候，那个地方的冰又会融化。滑冰的人不管滑行到了哪里，他滑行到的地方表面上的薄冰层都会因为压力的作用而融化，冰刀过去了之后，融化了的水又会重新结成冰。所以说，虽然严寒的情况下冰是干的，但因为冰刀下有水能够起到润滑的作用，所以冰刀就可以在冰面上滑行了。

声音的传播

　　你在远处观察过一个正在砍树的人吗？或者说，木匠钉钉子的时候，你在远处观察过吗？有一件事肯定会让你感到奇怪：敲击声是发生在斧头或者锤子已经拿起来的时候，而不是发生在斧头砍进树里或者锤子敲在钉子上的时候。

如果你有机会再观察一次的话，那么为了离得近一点，请往前走两步。经过多次的尝试之后，你会发现，在一个特殊的位置上，击打的瞬间会与斧头或者锤子的击打声重合。如果你再次回到一开始那个位置，击打的动作和声音又不能重合了。

对于这个现象，你应该不难理解。声音需要一定的时间才能从声源处传播到你的耳中，而光传到眼睛的时间却是非常短暂的。所以，当你听到击打声的时候，你可能已经看到斧头或锤子进行的下一次击打了。在这种情况下，眼睛看到的和耳朵听到的不能够完全重合，甚至可能会误导你，让你感觉是举起斧头的时候发出的声音，而不是向下击打的时候发出的声音。但是，如果你往前走近几步，就找到动作和击打的声音重合的那个点了。为什么呢？在声音传到你的耳朵的过程中，工人已经再次把斧子放下去了。这时候，虽然你觉得你是同时看到击打和听到击打声的，而实际上它们是先后两次击打了：你看到的击打是后一次的，而听到的则是前面的击打声——可能是前一次的击打声，也可能是更早时候的击打声。

你知道声音在空气中的传播速度吗？科学家已经把它准确测量出来了：$\frac{1}{3}$ 千米/秒。换句话说，声音需要 3 秒钟才能传播 1 千米。所以，如果一个人挥动斧头的速度是每秒钟 2 次，那么当你和他的距离是 160 米的时候，斧头被举起的时刻就会跟敲打的声音重合。而光在空气中的速度比声音要快 100 万倍。你们肯定知道，光能够在瞬间通过地球上的任何一段距离。

声音的传播介质除了空气以外，还可以是其他气体、液体或者是固体。人们之所以在水里能够清楚地听到任何声音的原因是声音在水里的传播速度要比空气中快4倍。在潜水水箱（大型垂直水管）里工作的工人，对于岸上的声音，都可以清晰地听到。根据这个道理，渔夫们会跟你说一旦岸上有一点点的小动静，鱼就会从水里逃跑。

在类似生铁、树木、骨头等坚硬的固体介质里，声音的传播速度还会更快。你可以试着把耳朵贴在一根长木条的一端，请你的朋友用手指或小木棍轻轻地敲打另一端，响声就会通过整条木条向你传过来。如果周围的环境足够安静，没有其他外界的干扰的话，甚至你都能够听到放在木条另一端上的手表指针走动的声音。铁轨或者铁梁、铁管，甚至土壤，都是很好的传播声音的介质。把耳朵贴在地上，你就能早早地听到从远处传来的骑马的马蹄声。还可以用这种方法听到远处子弹射击的声音，这要比通过空气听到的早得多呢！

能够如此清晰迅速地传播声音的只有坚硬的固体介质。如果是柔软的布和潮湿、松软的物质，那就没办法了，因为声音会被这些介质给"吞噬"掉。这就是厚重的窗帘可以隔音的原因。同样的，地毯、柔软的家具、大衣也可以发挥"吞噬"声音的作用。

钟　声

我在上一节跟大家提到了骨头是一种可以清晰地传播声音的介质。接下来，我想要证明的是，你的头骨也具有相同的性质吗？

用两只手把自己的耳朵堵住，同时把闹钟上的提环用牙咬住，这时候，你会清楚地听到，甚至比通过空气传播过来的声音更加清晰的钟摆有规律地来回摆动的声音。这种声音就是通过你的头骨传到耳朵里的。

为了证明头骨也能够很好地传播声音，我们还可以做另一个有意思的实验。在一段绳子的中间系一把勺子，同时把绳子的两端用手指堵在两只耳朵上。稍微弯曲上身，使得勺子可以来回自如地摆动。然后，用勺子去撞击任何一个固体，你将会听到好像是在耳朵边上敲大钟一样的低沉的轰鸣声。

如果想让这个实验的效果更加明显，你可以找一个比勺子重一点的其他物体。

可怕的影子

一天晚上，哥哥跟我说："走，我带你去隔壁房间，看一个你没有见过的神奇的东西。"

屋子里很黑，可以说是伸手不见五指。哥哥把一支蜡烛点燃后，我们就在蜡烛光的照亮下去了隔壁的房间。我小心翼翼地往前走，壮着胆子推开了房间门，鼓起勇气走了进去。突然，我看到对面墙上有一只可怕的怪物在盯着我看，我完全被吓到了。这只怪物是扁平的，和影子一样，而它的眼睛，正在死死地看着我（图26）。

图 26

说真的，我完全被吓到了。可是，就在我要落荒而逃的时候，我听到了从背后传来的哥哥的笑声。

我回过头一看，才弄清楚到底发生了什么。原来是有纸贴在墙上那面镜子上，纸上还剪出了几个洞，分别做成眼睛、鼻子、嘴巴的样子。当哥哥拿蜡烛照的时候，通过这些洞从镜子里反射出来的烛光，刚好就落在了我的影子上。

这下出了洋相，我被我自己的影子给吓到了，太丢人了……后来，我也想用这个方法和我的同学们开玩笑，那时我才注意到，要把镜子放在一个正确的位置上其实没那么简单。多次练习之后，我终于掌握了其中的神秘之处。光线通过镜子反射出来要遵循的规律是：入射角和反射角要刚好相等。掌握了其中的奥秘之后，我就能轻松地摆放镜子的位置了。

测量亮度

大家可以思考一下，当把我们和蜡烛的距离扩大到原来的2倍的时候，蜡烛的亮度应该是要变弱的吧？那么，会变弱多少呢？2倍？那你就错了。如果我们把2根蜡烛放在2倍远的地方，还是不会和原来一样亮。如果想要恢复亮度的话，那么在2倍远的地方该放的蜡烛是2×2=4根蜡烛。在3倍远的地方就不是放3根，而是3×3=9根蜡烛，以此类推。这也就告诉了我们，当我们把蜡烛放在2倍远的地方时，蜡烛的亮度会减弱4倍，3倍远的地方会减弱9倍，4倍远减弱16倍，5倍远减弱25倍，以此类推。这也就是距离和亮度之间存在的关系。顺便可以告诉大家的是，响度和距离之间的关系和亮度与距离之间的关系是一样的：如果把声源放到原来6倍远的地方，响度减弱的倍数不是6倍，而是36倍[1]！掌握了这个规律以后，我们在比较两盏灯，甚至是任何两种光源的亮度的时候，就可以利用它。我猜你应该想知道你的台灯比一根普通的蜡烛亮的倍数是多少吧，换句话说，如果想要达到一盏灯的亮度需要多少根蜡烛？

在桌子的一头放置一台灯和点燃了的蜡烛，再把一张白纸片（可以用书夹住）垂直地放在另一头。然后把一根铅笔之类的小木棒垂直地放在离纸片不远的地方。在白纸片上会分别投下灯照出的阴影和蜡烛照出的阴影（图27）。正常情况下，因为光源不同，一个是明亮的台灯，一个是昏暗的蜡烛，所以这两个影子的浓淡程度是不一样的。为了让两个影子的浓淡程度相同，你可以把蜡烛往前移动。这也就是说，蜡烛的亮度等于台灯的亮度了。但是，蜡烛到纸片的距离和台灯到纸片的距离相比要近得多。这时候，要想知道亮度相差了多少倍，只要测量一下两个距离之间的差距就可以了。如果台灯到纸片的距离是蜡烛到纸片距离的3倍，那么台灯的亮度就是蜡烛亮度的3×3倍，也就是9倍。你只要把刚刚的距离和亮度的关系回想一下就能明白是为什么了。

---

[1] 正是这个原因，在剧院里，旁边的人细微的声音也可以把舞台上演员响亮的声音给盖过去。如果邻座与你之间的距离是舞台离你的距离的1/10，那么和你旁边的人相比，演员的声音比你旁边的人要弱100倍。所以，对于演员的声音听起来比邻座的耳语声还要低的现象，我们也就不会感到奇怪了。这也就是为什么当老师在讲解课文的时候，教室有一点是非常重要的——那就是保持安静。对学生（尤其是坐得远的学生）来说，他们听到的是大大减弱了的老师的声音，甚至它会被旁边同学的耳语给完全盖过。——作者注

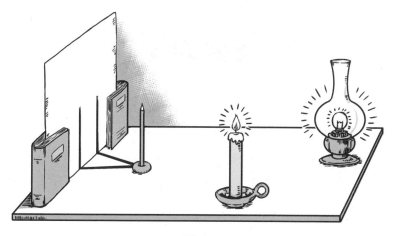

图 27

为了比较两个光源的亮度，我们还可以用另一种方法，这种方法需要利用的是纸片上的油点。从光源正面照油点，油点是亮的；而如果光源是在油点的背面，油点就应该是暗的。可以在油点的两侧分别放两个光源，让油点的亮度从两面看起来是一样的就可以了。接下来该做的就是测量油点和两个光源之间的距离，再把上面的方法套进来计算就可以了。把带油点的纸片放到镜子的旁边，可以让我们更好地观察到油点两侧的亮度。因为这样的话，我们只要从一侧就可以观察油点的亮度，而我们可以通过镜子看到另外一侧的亮度。至于该怎么放置镜子，我相信聪明的你一定能够想到。

脑袋朝下

因为护窗板被关上了，所以当伊万·伊万诺维奇走进房间的时候，他看到的是一片漆黑。而光线透过护窗板上的小洞射进来，显得光彩夺目，绚烂多彩。阳光照到对面的墙上的，勾勒出一幅美丽的图画，我们可以在图画上看到铺着芦苇的屋顶、树木和晾在院子里的衣服，只不过这一切都是倒过来的。

——摘自果戈理的小说《伊万·伊万诺维奇和伊万·尼基福洛维奇吵架的故事》

当有一扇朝阳而开的窗户在你或者你的朋友的房间里的时候，可以说，你就拥有了一个物理实验仪器了，而且还是一个有着古老的拉丁文名字的仪器，叫作"cameraobscura"（意思是"黑房间"）。你需要把一块胶合板或者硬质板用黑纸贴上，并在板上挖一个小孔，目的是挡住窗户，才能成功地做这个实验。

在一个晴天，关上房间里的所有窗户和房门，使得房间变成一个黑房间，然后用做好的硬纸板把窗户严严实实地挡住，并把一张大白纸放在离硬纸板不远的地方，这张白纸起到的作用就是充当一个"屏幕"。白纸上立刻就会有透过小孔可以看到的缩小版窗外的场景的图像。白纸上的一切事物，包括房子、树木、动物、行人在

内，都是栩栩如生的，只不过是完全颠倒过来的而已：屋顶在房子的上面，人的脑袋也是朝着下面的……（图28）

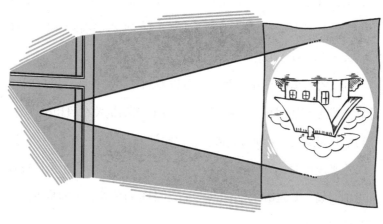

图 28

这个实验能告诉我们什么呢？它能告诉我们的道理就是光是沿直线传播的。从物体的上部分发射出来的光和物体的下部分发射出来的光会在小孔处交叉，然后再继续往前传播，但是，上面的光的前进方向是向下的，而下面的光的前进方向则是向上的。如果光线是可以扭曲变形的，而不是直的，那么我们得出来的结果就会截然不同了。

需要告诉大家的是，小孔的形状对于成像是完全没有影响的。不管小孔的形状是圆的还是方的，三角的、六角的或者是别的形状，我们得到的结果都是一样的。浓密的大树底下的一个个椭圆形的光点，你注意过吗？它其实不是别的什么东西，就是我们熟悉的因为阳光透过树叶之间的空隙在地面上形成的像。因为太阳是圆的，所以它们应该也是圆的，只是因为太阳光是斜着照射过来的，所以它们被拉长成了椭圆形。如果你把一张白纸放在太阳直射的地方，那么就会有一个正圆形的光点出现在你的白纸上。太阳在日食的时候被月亮给挡住了，成了一个月牙形，那么，它在大树下的像也就成了一个月牙形。

其实在日常生活中，我们还可以看到一个常见的"黑房间"，那就是摄影家的照相机，只不过有一个内置的机关在照相机里面，使得照相机成的像会更加清晰。在照相机的底部有一个毛玻璃，这就是用来成像的，当然，所成的像也是颠倒过来的。摄影家们查看图像的时候，要先用一块黑布把自己和照相机蒙住，为的是不受身旁光线的干扰。

你可以找一些简易的材料来做一个照相机。一个长方形的箱子，并找一面打上一个小洞，然后拆去对着小洞的那一面的板，把它换成一张油纸，这张纸起的就是毛玻璃的作用。在昏暗的房间里，放下这个箱子，并把箱子的小孔和挡住玻璃的小孔对上，你就会看到窗外的场景在油纸上清晰地呈现出来，但是它依旧是完全反过来的。

这个相机最大的好处在于你不用为寻找昏暗的房间而发愁了。你可以在户外任何一个地方放置这个箱子。唯一需要做的，就是用一块黑布蒙住你的脑袋和相机，这样，当你观察油纸上的成像的时候，就不会受到周围光线的干扰了。

颠倒的大头针

我们在上一节已经跟大家讨论和解释了怎样才可以制作出一个"黑房间"，但是还有一件很有意思的事情没有跟大家提：我们每个人都随身带着一对这样的小型的"黑房间"——也就是我们的眼睛。其实大家只要仔细思考一下，我教你们做的箱

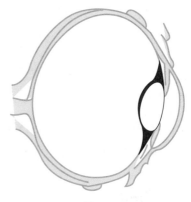

图 29

子和我们的眼睛的构造是一模一样的。我们平时所说的瞳孔，是一个通向视觉器官内部的小洞，而不是我们所想象的眼睛上的黑色圆片。有一层薄薄的膜在这个小洞外边包着，而且还有一种胶状的透明物质在膜下面覆盖着。形状和双凸透镜类似的透明的"晶状体"在瞳孔的后面。而用来成像的就是晶状体到眼球后壁之间的整个内部，里面还充满了透明物质。图29就是眼睛的纵切面图。眼睛的这种构造看起来似乎会影响成像，可实际上会让成像的结果更加清楚明亮。其实，在眼睛底部所呈的像是相当小的。举一个例子，一根8米高的电线杆，和我们相距20米，可是它在我们眼睛里呈现的完整清晰的图像的高度，却只有0.5厘米。

最有意思的是，虽然说在眼睛里和在"黑房间"里成的像一样

是上下颠倒的，可是我们看到的物体却依然是正着的。我们长时间养成的习惯，就是能够发生这种翻转的原因：当我们看到东西的时候，我们会习惯性地把颠倒的物体转化成自然放置的状态。

对于这一点，同样可以用实验来证明。如果我们努力让一个没有颠倒的，而是正着的物体图像呈现在眼睛底部，我们能够看到的是什么？因为我们把所有的看到的东西都习惯性地翻转过来，所以我们在实验中也要翻转这个形象，结果，我们看到的就是一个颠倒过来的图像。事实也确实是这样的。我们可以用下面的实验来清楚地告诉大家这一点。

图 30

用大头针在明信片上扎一个小孔，然后再把卡片对着窗户或者台灯，并把卡片放在距离眼睛大概10厘米的位置。在卡片前面，也就是卡片和眼睛中间，举一枚大头针，且大头针的针帽必须和小孔对着。这时候有一个神奇的现象出现在大家面前：大头针好像变到了小孔的后面，而且更重要的是，大头针的上下是颠倒过来的。图30呈现的就是这个实验。如果你向右稍微移动一下大头针，而你看到的却是往左移动的图像。

这是为什么呢？因为在这种情况下，大头针在眼睛里的成像结果是正着的，而不是翻转过来的。实验里卡片上的小孔起的是光源的作用，然后大头针的影子就被投到了瞳孔上。结果，由于这个影子和瞳孔之间的距离实在是太小了，所以图像就不会产生翻转。有一个圆形的光斑会在眼睛后壁形成，这个像就是卡片上的小孔形成的。有一个黑色的大头针的轮廓，也就是正放着的大头针的影子，会在上面形成。而在我们看来，我们从卡片的小洞里看到了有一个大头针在卡片的后面（因为只有小孔范围内的那一部分大头针是我们可以看到的），而且这个大头针还是上下翻转过来的。由于我们长久以来养成的习惯，所以我们会翻转所有通过视觉得到的形象。

你已经明白怎样在水面上浮起一枚缝衣针了。现在，你可以用你掌握的知识去做一个全新的更有意思的实验了。随便找一块马蹄形的小磁铁就可以了，然后把它朝水面上有针浮着的碟子靠近，这时候，磁铁在哪儿，碟子里的缝衣针就会往哪儿游过去。如果在做实验之前，把缝衣针用磁铁摩擦几次（不是来回摩擦，而是用磁铁的一端，并且是顺着同一个方向摩擦），然后把它放到水里，就可以更明显地观察到这个现象。因为摩擦了之后，缝衣针就带上了磁性而变成了一块磁铁，就算是拿一块不带有磁性的普通的铁块靠近它，它也可以在水里游动。

我们还可以用带磁性的缝衣针做许多有意思的实验。拿铁块或者是磁铁往碟子那儿靠，只是简单地把缝衣针放在水面上。这种情况下，水里的磁针会像指南针一样，指向一个固定的方向，即由北指向南。转动一下碟子，磁针所指的方向还是不会改变，依旧是南北方向。这时候，再用磁铁的一端（一极）和磁针的一头相互靠近，你会看到另一个现象：磁针有可能不会被吸引过去，而是被排斥开来，另一头掉转过来靠近磁铁。这也是两块磁铁之间产生的相互作用：异极（南极和北极）相吸，同极（南极和南极，或北极和北极）相斥。

搞清楚了磁针运动的原理之后，折一只简单的小纸船，并在里面藏上一枚磁针。接下来你要做的，就是让那些不知道缘由的同学们惊讶了：在手里藏好一块磁铁，千万别被观众发现，然后，只需要用手势，而不需要碰到纸船，你就可以自由地控制纸船航行了。

有磁性的剧院

准确地说是马戏团，而不是剧院，因为接下来，我们的舞蹈演员们表演的舞台是铁丝做成的，不过，我们的舞蹈演员是用纸做的。

首先我们要做的是找一块硬纸板，并把它剪成马戏团剧场。拉一根铁丝在房子下面，并把一块马蹄形的磁铁固定在舞台的上面。

接下来我们要制作的就是"杂技演员"了。

用纸剪几个能摆出不同的杂技表演姿势的杂技演员。需要提醒大家的是，我们还要把一根磁针粘在杂技演员的背后，所以杂技演员的身高和针的长度要刚好一样。可以用两三滴蜡油粘住磁针。

剪好之后，我们就要把纸人登上"铁丝"舞台了，因为有舞台上方的磁铁的磁力作用，他们在舞台上不但不会跌倒，还会站得笔直。如果你想让这些演员们活动起来，只要动一下铁丝就可以了。他们不仅可以上下跳动，左右摇摆，而且还能很好地保持平衡（图31）。

图 31

#

就算是你一点也不知晓电学方面的知识的情况下，也不影响你进行一些有意思的电学实验，这对你以后深入了解这一自然界的神奇的力量会很有帮助。

当然，最好是在冬天的时候，而且是在开了暖气的房间里面做这些电学实验，在这样的环境下才能够比较顺利地完成实验，因为冬天经过加温了的空气会比夏天相同温度下的空气更干燥。

接下来我们可以开始实验了。找一把完全干的普通的梳子，顺着头发梳下来即可。你可以听到梳子发出细微的噼啪声，前提是你做实验的时候是在一个既温暖又安静的房间里。这说明你的梳子因为和头发之间的摩擦而产生了电。

除了头发可以通过摩擦使梳子带上电以外，干燥的毛毯或者是绒布经过与梳子的摩擦，梳子上同样会有电，而且电量比和头发摩擦的大。我们可以用很多方法来检验梳子的这种特性，其中最容易的就是用梳子靠近一些如纸屑、谷壳、小果核等较轻的物体，这些物体都会被提起来，因为它们受到了梳子的吸引。在水里放上几艘折好的纸船，你的带电的梳子就会好像是一根"神奇的"指挥棒一样，你可以用它来指挥那支纸质舰队。我们还可以做更有意思的实验。在一个干燥的小酒杯里放一个鸡蛋，再把一根长尺水平横放在鸡蛋上面，并且保证尺子能够处在一个平衡的状态。如图32所示，把带电的梳子靠近尺子的一端，这种情况下，尺子就会神奇地转动起来。而且，尺子会乖乖地听你的指挥跟着梳子转动，你甚至还可以让尺子转圈。

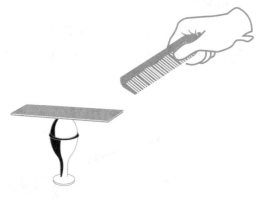

图32

听话的鸡蛋

能够通过摩擦起电的不仅仅只有普通的梳子，这种特性其他许多物体也有。用绒布或者是你的衣袖（前提是衣服是绒制的）摩擦火漆棒，火漆棒也会产生电。把玻璃管或者玻璃棒用丝绸摩擦，玻璃管或者玻璃棒也会带电，前提条件是必须在非常干燥的环境下，而且只有把丝绸和玻璃烘干，玻璃才会产生电。

还有一个非常有意思的实验，也是和摩擦起电有关的。先是在鸡蛋的两头打两个小孔，并通过对着一端的小孔吹气的方法把鸡蛋

里面的蛋清和蛋黄倒出来。接着用蜂蜡把鸡蛋两端的小孔封住，在
光滑的桌子、木板或者大盘子上放置空蛋壳，再拿一根带电的木棒
靠近它，空蛋壳就会乖乖地跟着木棒"跳舞"（图33）。在旁观者不
知道鸡蛋壳是空的情况下，如果看到了这个实验，一定会感到非常
的困惑。这个实验是由著名的科学家法拉第想出来的。如果用的是
纸环或者是轻的小球，它们同样会跟着带电的木棒"跳舞"。

图 33

力的相互作用

　　在物理学家们看来，世界上没有一个引力是单方面的，甚至可
以说没有任何一个作用是单方向的。世界上所有的力的作用都是相
互的。也就是说，在木棒对不同的物体产生引力的同时，它也受到
了来自这些物体的引力。我们可以把梳子或者木棒给吊起来，当然，
是用丝线吊起来，并保证它们能够自由活动来证明这一点。

　　这个时候，你可以非常明显地看到，所有不带电的物体，包括

你的手在内，都可以让梳子转起来——因为它们对梳子有一个引力的作用。重复一遍，这个现象在自然界是普遍存在的。你可以在任何地方发现：所有力的作用都是产生于两个物体之间的相互作用。在自然界中，根本就不存在受力的物体不产生反作用力，也就是说不存在单方面的作用力的现象。

电的斥力

下面的这个实验，也要用系在绳环上的梳子来做。根据上面的实验，我们已经知道，任何靠近梳子的物体都可以把梳子吸引过去。值得思考的是，如果我们用一个也是带电的物体靠近梳子，又会有什么现象出现呢？实验证明，两个带电的物体之间的相互作用会产生许多不同的情况。如果两个带电的物体是玻璃棒和梳子，那么它们之间会相互吸引。但是，如果是一根火漆棒和一把梳子，那么两个物体会相互排斥开来。

有一个物体定律——同电相斥，异电相吸，就是用来表示这种现象的。塑料或者火漆上带有被称作是树脂电或者是负电的相同的电；而树脂电（负电）和玻璃电（正电）是刚好相反的电。我们现在已经不再使用"树脂电"和"玻璃电"这样的称呼了，而是使用"负电"和"正电"这样的名词。

科学家们根据同电相斥的原理发明了"验电器"。

你也可以试着自己动手做一个这样的科学仪器，只不过简陋一点罢了。你需要的原材料有一个软木塞或者硬纸剪成的圆片，只要它可以塞住玻璃瓶瓶口就行。然后把一根芯线穿在软木塞或者硬纸片中间，瓶盖上方露出芯线的一头。用蜡油在芯线的下端把两小片金属薄片或者卷烟锡纸固定住。然后把瓶口用软木塞塞住或者是用硬纸盖住，再用火漆把瓶口封好。

如图34所示，一个简单的验电器就这样大功告成了。你只需要拿一个带电物体靠近露出瓶盖的芯线，这个物体所带的电就会被传到铝片上，铝片会相互排斥，因为它们带了相同的电。

如果说铝片或者锡纸相互排斥开来，也就是说，刚刚靠近芯线的那个物体上面是有电的。

如果这种验电器你不会做，还有一种更加简单的。只是这种更简单的用起来不是那么方便，灵敏度也不够，但还是可以满足验电的需要的。把两个接骨木木髓做的小球系在一根小木棒上，需要提醒大家的是，必须保证系上的小球之间能够相互接触。这就是那个更简单的验电器了（图35左）。把需要检测的物体往其中的一个小球上靠近，如果另一个小球被排斥开来，也就是说，刚刚靠过来的物体是带电的。

第三种验电器就是在软木塞里扎进一枚大头针，再把锡纸对折起来，并挂在大头针上。如果说靠近大头针的物体是带电的，那么就会打开合着的那张锡纸（图35右）。

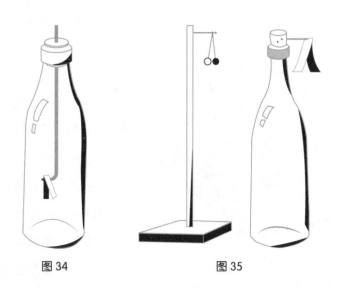

图 34   图 35

电的一个特点

下面这个自制的简单的"仪器"将会告诉你一个电的不但有趣而且重要的特性：电只能聚集在物体的表面，而且是只能聚集在物体的凸出部位。

把两根火柴用火漆在火柴盒的两侧垂直固定，当成是一个基座。再剪出一条一根火柴宽、三根火柴长的纸条。把纸条的两端卷起来，需要注意的是，纸条必须能在两根火柴上套住。接下来分别把三到四张薄锡纸剪成的小纸片贴在纸条的两面。最后，在火柴基座上把纸条套住。

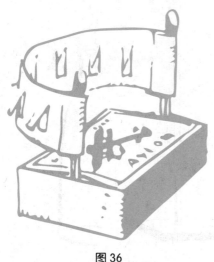

图 36

现在，我们就可以发挥这个仪器的作用了。拉直纸条，并把带电的火漆棒往纸条上靠近，使得纸条和上面的锡纸都带上相同的电，结果就是，贴在纸条两面的锡纸都翘起来了（图36）。再改变火柴基座的位置，把纸条一边凸起来，使得纸条变成一个弧形，再找一个带电的物体往纸条上靠近，这个时候，翘起来的就只有纸条凸起的那一面，而凹进去的那一面依旧保持着下垂的状态。

为什么会出现上述现象呢？因为电只可以聚集在物体的凸起的地方。如果你把纸条变成一个"S"形的话，你会发现，带上电的只有纸条凸起的地方的锡纸。

名师点评

每个小小物理学家都是一个魔法师

成长的路是从一个鸡蛋开始的。

鸡蛋是早餐的标配，每个孩子都有被妈妈逼着吃鸡蛋的童年，就算你再不愿意吃，也抵不过妈妈决绝的目光，含着泪也得把鸡蛋放进嘴里。

可是你一定没想到，鸡蛋也是你科学之旅的引路人。

从今天起，鸡蛋将会在你的大脑里刻出一道新的记忆痕迹，我相信这是一道快乐的印记。因为今天鸡蛋不是食物，而是一个魔术道具。

这个魔术要求非常简单：把鸡蛋立起来！

"就这呀？太简单了！谁不会呀！"如果这是你的第一反应，我猜你是把鸡蛋的一头在桌面上轻轻敲出一个小口，然后让这个小口使鸡蛋立在桌子上。

"哥伦布当年就是这么做的！"也许有小朋友还会这么说。

"在鸡蛋下面撒上一些盐粒。"你可能还会想到这个办法。

尽管你这么聪明，但还是低估了物理魔法师的伟大。就算一个入门级的小小物理学家也不应该将鸡蛋磕破，或者使用盐粒等辅助道具。

他们只需要用力把鸡蛋摇晃十几次，再把鸡蛋大头朝下放在水平桌面上，用手稳稳地扶一会儿。

然后大喊一声："接下来就是见证奇迹的时刻！"最后再屏住呼吸慢慢松开手。

周围的观众也会把眼睛瞪得像铃铛一样，眨都不眨一下。

鸡蛋竟然真的立住了。

如果你学会了这个魔法，每年都可以在"春分"来临时秀一把。

我国早在4000多年前就有春分"立蛋"的习俗。现在每年春分，世界各地也跟着纷纷"立蛋"，这一中国习俗俨然已经成为"世界游戏"。顺便再透露一下，现在立蛋狂人保持的世界立蛋记录是26小时内立起900只鸡蛋，最快时在1分32秒内极速竖立12只鸡蛋。

够厉害吧！如果你想打破这个记录，就赶紧拿起鸡蛋吧！

当然，能把鸡蛋立起来可不是施了什么魔法，而是物理学在暗中帮了忙。如果想知道其中的道理，在第一个故事"比哥伦布还厉害"里就能找到答案！

除此以外，在这一章你还能学会如何舞动火流星、怎样才能将缝衣针浮在水面上，还能做到不湿手就把水中的物体取出来，甚至用蜡烛和纸条做出一条能在空中旋转的蛇，等等。

想一想，当你在家庭聚会或者班级活动时表演了这些节目，会收获多少小迷弟和小迷妹呀！那一刻，你在他们的眼里就是哈利·波特的化身。

还等什么！物理魔法学校的大门已经打开！快快进来吧！

纸条之间是互相排斥的，而不是自然下垂的，所有的纸条的底端都完全张开来了。

纸条之所以会相互排斥，是因为它们上面带的电是相同的。如果让它们靠近完全没有电的物体，物体会把它们吸引过去。当你用手从下面插进纸须的时候，你的手会被纸须粘住。

"用脑子看"
—铁轨的长度—变重的报纸

哥哥一边拍着暖气片，一边对我说："我决定了，今天晚上我带你一起去做几个电学实验。"

听到这句话，我很激动，说："实验？又可以做新的实验了！什么时候做啊？要不现在吧，我已经有点忍不住了。"

"别着急。晚上再来做实验。我现在要先走了。"

"是去拿机器吗？"

"去拿什么机器？"

"当然是用来发电的仪器。我们的实验不是需要用到发电器吗？"

"我早就准备好了做实验的时候要用的仪器了，就把它放在了我的包里……不过，你可别对它打什么主意了，我不会给你的，"哥哥一边穿衣服一边说，他显然是看穿了我的心思，"放心吧，你不会找到什么的，结果只会添乱罢了。"

"你确定仪器放好了？"

"放心吧，我保管得好好的。"

哥哥穿好衣服就出去了，不过，他却把装实验仪器的书包落在了前厅的小桌上，显然他是忘了。

我相信，如果铁块也是有感情的话，那么当它靠近磁铁的时候，对于我一个人和哥哥的书包单独相处时的感受它一定可以理解。我被书包给强烈地吸引了，可以说，我所有的感觉和思想都被它给占据了。我完全没办法转移注意力，让我一直这样看着它，简直和要我的命一样。

奇怪，书包里面怎么可能装得下发电器呢？发电器可不会是扁平的啊！

哥哥并没有把书包锁住，如果我只是小心地偷偷瞄一下里面……里面有一个用报纸包住的东西。难道是箱子？不是，那里面装的只是几本书。除了书以外，完全没有别的东西在里面。原来哥哥是在和我开玩笑，我怎么一开始没有反应过来呢，怎么可能用书包装发电器啊。

哥哥回来的时候，两手空空的。当他看到我的脸色沮丧的样子，他马上就猜到了原因。

哥哥问我："如果我没有猜错的话，你刚刚应该是看过书包了吧？"

我反问了他一句："你把发电器藏在哪里了？"

"你刚刚没找到吗？就放到书包里了。"

"可是书包里装的只有书啊。"

"你一定是没有好好看。我把发电器也装进去了。你刚刚是用什么看的呢？"

"能用什么看啊？只能用眼睛啊。"

"我就知道你刚刚只用了眼睛。看的时候还要用脑子。光用眼睛是不够的，你得搞明白，里面有什么。这就是所谓的'用脑子看'。"

"那到底什么是'用脑子看'？"

"你想搞清楚它们两者的区别在哪里吗？"

哥哥把一支铅笔从口袋里掏出来，然后把这幅图画在纸上（图37左），接着跟我说："图上用双线条代表铁轨，用单线条代表公路。你仔细观察一下这幅图，然后把哪条铁轨更长告诉我，是从1到2这条长还是从1到3这条长？"

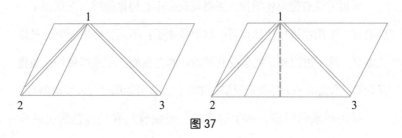

图37

"肯定是1到3这条更长啊。"

"这个结果是你用眼睛看到的。接下来你再仔细用脑子看看。"

"怎么用脑子看啊？我不知道怎么做啊。"

"让我告诉你怎么用脑子看吧。假如我们做一条垂直于2到3这条公路的直线，并让它通过1，"哥哥画了一条虚线在纸上（图37右），"公路被这条线分成了几部分？"

"两部分，而且相等。"

"没错，是两部分，而且完全相等。也就是说，在虚线上任意找一个点，它到2这端的距离等于到3这端的距离。现在你觉得从1点出发，是到2近还是到3近呢？"

"这是显而易见了，到2和到3之间的距离刚好一样。一开始看起来，左边的铁路比右边的铁路要短。"

"一开始你看的时候用的是眼睛，现在改用脑子了。看到两者的区别了吧？"

"懂了。可是你把仪器藏在哪儿了？"

"藏什么？发电器吗？就原封不动地放在书包里。因为你不是用脑子看的，所以你没有看到。"

哥哥把那包书从书包里拿出来，并把纸包小心地打开，然后拿起报纸，递给我："我们的发电器在这里。"

我看着报纸，困惑不解。

"你是不是觉得它只是报纸，不是其他东西？"哥哥继续跟我说道，"用眼睛看起来它是报纸。但是如果你用脑子来看的话，就会发现报纸其实是一个物理机器。"

"物理机器？是要用来做实验的吗？"

"没错。当你把报纸拿在手里的时候，是不是感觉它特别轻？在你看来，只要一根手指就可以随时把它举起来。你马上就会明白，这看起来只是张报纸，其实它会变得非常重。给我拿一下那根画图尺。"

"这把尺子上有缺口，没办法用了。"

"那就更好了，坏了也不会觉得可惜。"

那根尺子被哥哥放到桌子上，并把其中的一部分露出桌边。

"稍微碰一下露出的部分，想让尺子倾斜，是不是很简单？等我把没露出的那部分用报纸盖住，你再尝试能不能倾斜尺子。"

哥哥在桌子上把报纸摊开，并把它小心翼翼地展平，然后用它把尺子盖住。

"去找一根小木棒，然后迅速对尺子露出的部分进行击打。把你的力气都用上。"

"如果这样打，我会把尺子和报纸一起掀到天花板上的！"我一边用力挥动木棒，一边喊着。

"你别省力气就行。"

击打的结果我完全没有想到。当木棒在尺子上击打的时候，一声清脆的断裂声响了起来，反倒是尺子被打断了，但是，桌上的那部分断尺仍然被报纸盖着，一点动静都没有。

哥哥一边跟我开玩笑，一边问我："报纸是不是没有你想象的那么轻？"

我看了一眼断尺，又看了一眼报纸，没什么好说的了。

"这就是你说的实验吗？电学实验？"

"这虽然是实验，但不是我们要做的电学实验。我们等一下再做电学实验。我想要告诉你的是，我们一样可以用报纸来做物理实验的机器。"

"那为什么报纸和尺子不会分离？你看，我可以非常轻松地把它从桌子上拿起来。"

"这就是这个实验的奥秘了。由于在报纸上有空气的压力，而且压力还非常大：有整整 1 千克压力作用在每平方厘米的报纸上。当我们对尺子的露出部分进行击打时，在另一部分尺子上就会有一个向上的压力作用在报纸上，稍微把报纸抬高了一点。如果击打时速度不够快，那么报纸下面被抬起来的缝隙中就会有空气涌入，这样就能平衡报纸上下受到的力。但是，因为你击打的速度非常快，虽然稍稍抬起了报纸的中间部分，可是报纸的边缘还是和桌子贴着的，所以空气根本就没有时间涌到报纸底下。结果就是，你不仅仅需要把一张报纸抬起来，还要把报纸上面的空气给一起抬起来。简而言之，有多少平方厘米的报纸，你就要多抬多少千克的空气。假设说报纸变成4厘米的正方形，也就是面积是16平方厘米，那么它上面就有16千克的空气压力。可是，这张报纸还要大很多，换句话说，你要抬的重量有多大呢？差不多是50千克。尺子可是没有办法承受这样的重量的啊，所以尺子断了。现在你应该相信我们可以用报纸来做实验了吧？……等到了晚上我们再来做电学实验吧。"

手指上的火花—听话的木棒—山上的电能

哥哥一只手将报纸按在烘热的炉子上，另一只手里握着一把衣服刷，就好像一个为了把墙纸贴牢的油漆匠一样，用刷子刷报纸，把墙上的墙纸给展平。

突然，哥哥把他的两只手都拿开，然后对我说："快看！"一开始，我想当然地认为报纸肯定会从壁炉上掉下来，可是结果却让我大吃一惊，报纸就好像是粘在壁炉上的一样，在壁炉的光滑的瓷砖上紧紧地贴着。

我问："你又没有在上面涂胶水，报纸是怎么粘上去的？"

"报纸会粘上去是因为有电。因为报纸带了电，所以它就被炉子给紧紧地吸住了。"

"那你怎么没有跟我说书包里装的报纸上面有电的？"

"一开始的时候它是没有电的。我刚刚当着你面，用刷子刷的时候，让它带上了电。由于报纸和刷子之间的摩擦，使得报纸有了电。"

"这个就是你要做的电学的实验吗？"

"是的，不过这只是个开始……你把灯关了。"我在黑暗的房间里隐隐约约看到了白色壁炉上的浅灰色的斑点和哥哥的身影。

哥哥对我说："跟我走。"

事实上，我更多的不是看到哥哥做了什么，而是猜到了，这简直是太让人震惊了。他从壁炉上把报纸拿下来，一只手托着它，另一只手以手指张开的状态缓缓地靠近报纸。

就在这个时候，发生了我简直不敢相信的事情：有长长的蓝白色的火花从哥哥的手指上溅出来！

"刚刚那个就是电火花，你也可以试一下。"

我立马把手给藏起来，怎么也不愿意试！哥哥又把报纸贴在了壁炉上，重复了一开始的动作，这时，有长长的火花束从哥哥的手指上迸射出来。我还看到，他的手指是在离报纸还有好几厘米远的地方，根本就没有碰到报纸。

"你可以试一下，不用怕，不会疼的。来，把你的手给我！"说完，他就把我拽到壁炉前，抓起我的手，"张开手指！……好的，就是这样！我没说错吧，不会疼吧。"

我压根就没有搞明白为什么我的手指里会迸射出蓝色的火花。

在火花中，我看到哥哥拿起来的只是一半的报纸，还有一半报纸依然是在壁炉上紧紧贴着的。当有火花迸射的时候，我觉得手指上有种轻微的针刺感，可是感觉不到疼。压根就不用怕。

我要求哥哥说："再来一次。"

哥哥又重复了一开始的动作，只不过，这次他是用手摩擦报纸。

"你在干什么？怎么不用刷子？"

"没问题的，好了，搞定了。"

"肯定什么也没有，因为你没用刷子，而是空手刷的。"

"只要你的手是干的，用手也是可以的。有摩擦就够了。"

果然，又和一开始一模一样，有火花从我的手指迸射出来。

等我看够了火花以后，哥哥向我解释："差不多了，该让你看看电流了，也就是哥伦布和麦哲伦在自己的轮船桅杆顶端看到的东西……给我一把剪刀！"

哥哥把剪刀弄湿后，从壁炉上把报纸取下来。他在黑暗中用剪刀的尖头靠近报纸。但是，并没有出现我想象中的火花，而是出现了别的现象：有一条条蓝红色的光纤束从剪刀的尖头顶端迸射出来，伴随着轻微的嘶嘶声，而剪刀和报纸之间还有很远的距离。

"这其实就是比一开始大的电火花。在桅杆和横桁上，水手们经常可以看到。"

"怎么会有它们呢？"

"你想说的是怎么会有人把带电的报纸举到桅杆上面去吧？桅杆

上当然是没有报纸的，但是有带电的云朵，它们在桅杆的上面低低地飘着。云朵就是起到了报纸的作用。别想当然地认为只有海上才有这样的现象。事实上，陆地上，尤其是在山里，也是经常发生的。恺撒曾经说过：他手下的一个士兵拿着的刺刀的尖头在一个多云的夜晚里迸射出了这样的火花。对于电火花，水手和士兵们不仅不怕，还认为这是一个好兆头。当然了，这些说法是得不到科学的支持的。有时候，会有电火花从山上的人的头发上、帽子上、耳朵上等暴露在外面的身体部分迸射出来，还会有刚刚剪刀发出的一样的嗡嗡声伴随着。"

"人们不会被这样的电火花烧伤吗？"

"当然不会。这又不是火，只是冷光而已。它的热量是特别低的，不会有害处，甚至连点燃一根火柴都做不到。你看，我现在用火柴代替剪刀，看好了，是不是也有电火花在火柴头的四周，可是还是没有点燃火柴。"

"我感觉有火苗在火柴头上蹿动，我认为它是会烧起来的。"

"打开灯，到灯底下去看看到底有没有。"

我完全相信哥哥的这些话了。火柴头不仅不会烧起来，而且温度也没有变化。看来，刚刚在火柴头周围的的确不是火苗，而是冷光。

"别关灯。我们的下一个实验需要开着灯做。"

哥哥在房间的中间放了一把椅子，并在椅子上横放了一根木棒。

经过了几次尝试，他终于平稳地放好了木棒，虽然只有一个地方支撑木棒在椅背上放着，但它还是能保持平衡。

我说："我完全没想到可以这样放木棒，它可是那么长啊。"

"它可以放的原因就是因为有那么长。如果说是类似铅笔一样的短的木棒的话，就不能了。"

"是的，用铅笔肯定做不到。"

"我们开始做实验。你能不能在不碰木棒的前提下，让它朝你这边转过来？"

我思考了一下，说："如果木棒上面有一个绳套套着的话……"

"不用绳套，我刚刚说的是完全不碰到木棒。能做到吗？"

"啊！我明白了！"

我用脸去靠近木棒，并一直用嘴巴使劲朝木棒吹气，可是木棒纹丝不动。

"能行吗？"

"纹丝不动。看来我是做不到了。"

"做不到？看好了啊！"

说着，哥哥就从壁炉瓷砖上把那张紧紧贴着的报纸取了下来，小心翼翼地把它朝木棒的一侧靠近。离木棒还有0.5米左右，木棒受到了来自报纸的吸引，乖乖地朝着报纸的方向转动。哥哥用手拿着报纸，让木棒一会儿向左转，一会儿又向右转。木棒就这样在报纸的指挥下在椅背上来回转动。

"你看，因为带了电的报纸会对木棒有非常大的引力作用，所以木棒就会乖乖地跟着报纸一起动，直到报纸上的所有电都消失在空气中。"

"夏天就没办法做这样的实验了，因为夏天的壁炉是冷的。"

"实验需要用的是完全干燥的报纸，所以壁炉只是起到一个烘干报纸的作用。你应该注意到了，空气中的湿气会被报纸吸收，导致报纸总是湿湿的。所以在做实验时就要烘干报纸。别想当然地认为不能在夏天做这个实验。事实上夏天也可以，只不过效果没那么好，因为冬天暖烘烘的房间里的空气和夏天相比，要干燥得多。干燥的环境对于这样的实验是非常重要的。夏天做的话，可以用厨房里的炉灶；做完饭了，等到炉灶冷却下来，不至于把报纸给烧着了，就把报纸放上去烘干。完全烘干报纸后，在干燥的桌子上把它铺上，再用刷子刷。在报纸上也会有电，只是效果没有刚刚好……好了，今天到此结束。新的实验明天再做。"

"还是和电有关吗？"

"是的，而且道具还是我们的发电器——报纸。这里有一本有意思的书，里面讲述的是法国著名的自然科学家索绪尔在山上经历'圣艾尔摩之火'的故事。这里描写了1867年索绪尔和他的同伴们到达海拔3000多米的萨尔勒山峰的经历。"

哥哥把弗拉马利翁的《大气》一书从书架上拿下来，并翻到了下面的文字给我看：

　　　大家爬上了山顶，在山岩上放着铁皮包着的木棍。正打算开饭的时候，索绪尔感到一阵阵刺痛感从自己的肩上和后背传过来，感觉和被针扎的一样。索绪尔后来回忆说："一开始我以为在我的亚麻披风里有大头针，所以我脱下了披风。可是，情况不但没有好转，还更疼了，整个肩膀和后背都感到非常疼。不仅仅是疼，还感觉到了痒，而且感觉还特别强烈，就好像有黄蜂在我的皮肤上爬，还不停地扎我一样。我又脱掉了自己的上衣，但依旧没有看到任何扎人的东西。背上好像灼烧了起来，不断加剧着疼痛感。我还发现我的毛背心被烧起来了。当我准备把毛背心脱下来的时候，听到了嗡嗡的声音。是山岩上的棍子发出来的，好像是水加热后马上要沸腾一样。这所有的现象持续了差不多五分钟。

"这时我才明白，带来疼痛感的是山上的电流，只不过因为是在白天，所以无法看到棍子上的电光。不管怎么放置棍子包着铁皮的那一段，朝上或者是朝下，又或者是水平，它都会发出这样刺耳的声音。只有把它放在地面上的时候才不会有。过了几分钟，我感到好像有人在用一把干燥的剃须刀在刮我的脸一样，我所有的头发和长胡子都翘了起来。我的另一个年轻的同伴也感到自己的小胡子翘了起来，并且还有强烈的电流从耳朵发出，这可把他吓坏了。我举起手指，看到了从手指射出的电流。从棍子、衣服、耳朵、头发，总之身上所有露出来的地方都有电流射出来。"

我们赶忙离开了山顶，大概往下走了100米。当我们离山顶越远的时候，棍子发出的嗡嗡声也就越小了。直到后来，只有把耳朵贴到棍子上才可以听到声音。

以上经历就是索绪尔的故事。还有其他的跟"圣艾尔摩之火"相关的故事在书里也有记载。

如果天气是多云的话，当云朵和山顶之间相距很近的时候，也会有电流从凸起的山岩上迸射出来。

瓦特康和几个游客在1863年10月的时候打算攀登瑞士的少女峰。早晨出发的时候，天气挺不错的。可是，当他们到达了山顶以后，一阵夹着冰雹的大风刮了起来。突然，响起了一声巨大的雷鸣。接着，瓦特康就听到和热水器烧开的声音差不多的嘶嘶声从棍子上发出来。他们停下了脚步，发现随身携带的标尺和斧头上也有同样的声音发出来。声音一直不断地响着，只有把它们往地面上插入一段以后，才能停下来。有一位旅客刚脱下自己的帽子，就感觉到头发烧起来了，这可把他给吓坏了。的确，他的头发好像都带了电，全都竖了起来。所有人都在脸上和身体的其他部位感觉到了刺痛感。瓦特康的头发也是笔直地立了起来，手只要稍微动一下，就会有电流通过时的嘶嘶声从手指的顶端发出来。

纸人跳舞—纸蛇—竖起的头发

哥哥没有骗我。他又在第二天晚上开始做实验了。他做的第一件事情是在壁炉上"粘上"报纸，然后从我这儿要走了一张作业纸，这张作业纸比报纸厚，并把它剪成了各种搞笑的、千姿百态的小人。

"把大头针给我，我马上就会让这些小人跳舞了。"

过了一会儿，哥哥就把大头针钉在了小纸人的脚上。

"这样做的目的是不让小纸人飞走或者是被报纸带走……"看着困惑的我，他一边解释，一边把他的演员们放到了茶杯托上，"表演马上开始！"

哥哥从壁炉上把报纸"撕下来"，并用双手把它水平托着，小心翼翼地走到了放着纸人的托盘的上方。

哥哥对着它们下了一道命令："起！"

大家可以设想一下，纸人就这样听哥哥的话，乖乖地站了起来。在哥哥把报纸移开之前，它们始终是笔直地站着的，哥哥一移开报纸，纸人就倒了。但是，哥哥并没有给它们太久的休息时间，他一会儿移近报纸，一会儿又把报纸移远，小人也就一下站着，一下倒下（图38）。

"如果说不是用大头针增加了它们的重量，报纸就会把它们吸引过去，并紧紧地贴着。看好了！哥哥拿走了其中的几个纸人脚上的大头针，这几个纸人就完全在报纸上贴着，还不会往下掉，这就是因为电流引力的作用。接下来再给你做一个电流的斥力的实验。嗯……剪刀被你放到哪儿去了？"

剪刀被我递给了他。哥哥又在壁炉上重新粘上了报纸，然后从下往上，在报纸的一边剪出了一根又细又长的纸条，但他没有把头剪断，接着又用同样的方法剪了第二

图38

075

条、第三条……直到第六条或者是第七条的时候，他才完全把纸条给剪下来。剪好了纸须，结果和我设想的一样，它还是在壁炉上贴着，而没有滑下来（图39）。

哥哥一手把纸须的上端按住，再沿着纸条用刷子刷了几下，然后从壁炉上把整把的"胡须"取了下来，手伸出去把它的上面给拿住（图40）。

结果纸条不是自然下垂的，而是互相排斥的，所有的纸条的底端都完全张开了。

哥哥向我解释说："之所以纸条会相互排斥，是因为在它们上面带的电是相同的。如果让它们靠近完全没有电的物体，物体会把它们吸引过去。当你用手从下面插进纸须的时候，你的手会被纸须给粘住。"

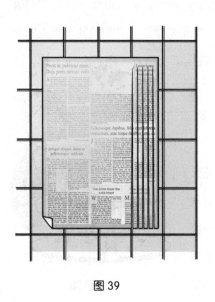

图39

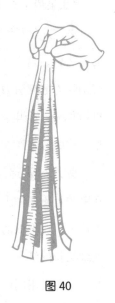

图40

我微微把身子蹲下，尝试着用手从下面伸进纸须的空隙里。我想说的是，我要做的是把手伸进纸条之间的空隙，可惜我失败了，因为纸条缠在我的手上，就好像蛇一样。

哥哥又问我："这些蛇你不怕吗？"

"因为它们是纸蛇，所以我一点儿也不怕。"

"我可是怕得要命，你看好了，它们太可怕了！"

当哥哥把这些纸条举过头顶的时候，我看到他的头发全都直直地立了起来！

"不，这不可能！快告诉我，这也是你的实验！"

"其实，我们只不过是换了一种方式做刚刚的实验而已。头发由于报纸的作用而带上了电，在报纸吸引头发的同时，它们之间也是相互排斥的，和一开始的纸条是一样的道理。拿一面镜子过来，你可以看看自己头发竖起来的样子。"

"疼吗？"

"一点都不会疼的，试试吧。"

的确，一点都不疼，甚至可以说连痒都没有。与此同时，我也在镜子里清楚地看到了自己的头发由于报纸的引力作用而一根根立起来的样子。

昨晚的实验我们又重复了几次之后，接着哥哥就结束了这场"演出"（我们的实验被他称作是演出），并答应我明天继续向我表演新的实验。

小闪电—水流实验—大力士吹气

一天晚上，哥哥为即将要做的实验做了奇怪的准备。

他把三个水杯放在壁炉旁烘了一会儿，然后把杯子放在了桌子上，后来又把托盘也放在壁炉上烘了一下，又把它盖在了水杯的上面。

"你准备做什么？"我十分好奇，"难道不是该把水杯放在托盘上吗，而不是托盘在水杯上？"

"耐心等等，别急。一会儿要做一个关于小闪电的实验。"说完，哥哥开始着手制作"发电器"。他把报纸放在壁炉上摩擦起电。接着，他对折报纸，再次放在壁炉上用刷子刷。然后，他把报纸从壁炉上"撕下来"，在托盘上铺开。

"你碰一下托盘，没有很冰吧？"

我就毫无戒备地把手伸向了托盘，但是立刻就把手缩了回来，因为我感到好像有什么东西扎到了我的手指，又疼又痒。

哥哥大笑起来："怎么样？被闪电打着了吧。刚刚听到噼啪声了吗？那就是小闪电的声音。"

"我感觉到了又疼又痒，可是没看到闪电啊。"

"那就关了灯再做一次实验，这次你就能看到了。"

"我可不要再碰托盘了！"我马上回应道。

"不用你碰。用一把门钥匙或者茶匙也可以让它射出火花。你不会有任何感觉，而且火花还会特别长。这回我先来做，以便你的眼睛可以适应一下。"

哥哥把灯关了。

"闪电马上就来了。看好啦！"哥哥的
声音在黑暗中响起来。

图41

有半根火柴那么长的明亮的蓝白色火花
伴着噼啪声，跳动在托盘边缘和钥匙之间（图41）。

"有没有看到闪电？听到雷声了吗？"哥哥问道。

"有，但是它们同时产生，真正的雷声要比闪电慢一些。"

"没错，我们总是晚点听到雷声。但实际上它们是同时发生的，
就像我们实验中的一样。"

"可是为什么雷声比闪电慢产生呢？"

"你注意到没有，闪电是光，光的速度非常快，它可以在瞬间通
过地球上的任何一段距离。但是雷声是声音，声音在空气中的传播速
度没有那么快，并且要远远慢于光速，因此你会觉得雷声到达我们耳
朵的时间要晚一些。所以我们会先看到闪电，然后才听到雷声。"

哥哥递给我钥匙，拿下来报纸——此时我已经适应了黑暗——
他让我从托盘中把"闪电"引出来。

"没有报纸还能产生火花吗？"

"试试不就知道了。"

还没等我把钥匙靠近托盘的边缘，我就看到了明亮的、长长的
火花。

哥哥重新把报纸放在托盘上，我再一次从托盘中引出了火花，

只是这次的火花的亮度弱了一些。哥哥把报纸放在托盘上，然后又把它拿走，就这么来来回回做了几十次（这一次没有再把报纸放在壁炉上），每次我都可以引出火花，但是一次比一次弱。

"如果我不是用手拿报纸，而是用丝线或者绸条把报纸包起来，火花持续的时间就会久一些。你以后学了物理，自然就会明白这是为什么了。现在你只要用眼睛看着，还不需要用脑子想。下面我们再做一个实验，这次用水流。要在厨房的水龙头那里做。就先让报纸在壁炉上烘着吧。"

哥哥拧开水龙头，细长的水流落在洗碗池底部，发出响亮的声音。

"现在，我不需要接触到水流，就会让它改变流向。你想让它流向哪儿？左边，右边，还是向前？"

"左边。"我立刻回答。

"好的。你先别动水龙头，我把报纸拿过来。"

他拿来了报纸，为了让报纸的电尽可能减少流失，他把双手伸向前，尽量让它远离身体。他把报纸靠近水流的左侧，这时我清楚地看到水流弯向了左边。他又把报纸拿到另一侧，水流便向右弯。最后，他把报纸拿到水流前面，水流立刻向前弯曲，甚至溅出了洗碗池。

"知道电流的引力有多大了吧。其实，就算没有壁炉或者炉灶，这个实验也很容易做，只要用普通的橡胶梳子代替带电的报纸就行了，就像这把梳子。"哥哥边说边从旁边的口袋里掏出了一把梳子，用它在自己的头发上梳了几下，"像这样就能让它带上电。"

"但是你的头发不带电啊？"

"当然不带。我的头发很普通，跟你的、大家的都一样。但是用橡胶摩擦头发，它们就会产生电了，就像报纸跟刷毛摩擦后会产生电一样。快看！"

哥哥把梳子接近水流，水流明显地弯曲了。

"下面要做的实验就不能用梳子了，因为梳子上带的电量很小，比刚刚自制的'发电器'小多了。我们需要报纸完成最后一个实验，但是这次不是关于电的了，而是气压实验，就像那个把尺子折断的实验一样。"

回到房间后，哥哥就开始剪报纸，然后把它粘成了一个小袋子。

"一会儿胶水干了，就拿几本厚点儿、重点儿的书。"

我在书架上找到了三本又厚又重的和医学有关的书，把它们放在桌子上。

"你可以用嘴巴把纸袋吹鼓吗？"哥哥问。

"当然了。"我回答。

"这很容易，是吧？但是如果要是在纸袋上压上几本这样的书呢？"

"啊，那样再怎么使劲也吹不起来吧。"

哥哥什么也没说，他把纸袋放在桌子边上，然后把一本书压在上面，接着又把一本书竖着放在第一本书上（图42）。

"现在看好了，我这就把它吹起来。"

"你不会还要把书吹走吧？"我打趣他。

图42

图 43

"你说对了！"

哥哥开始向纸袋里吹气。你猜猜发生了什么？被吹鼓的纸袋真的把下面的书顶得倾斜了，最终上面的那本书被掀翻了（图43）。

我呆住了，还没等我反应过来，哥哥就准备重复刚刚的实验了。这次他在纸袋上压了三本书。他向纸袋里吹了一口气，结果——啊，简直像大力士一样——三本书都被顶翻了！

最令人无法相信的是，这个看起来不可能实现的实验其实根本没什么神秘的。当我也鼓起勇气往袋子里吹气的时候，我也像哥哥那样轻轻松松地就让书翻倒了。根本不需要大象那样的肺活量，也不需要有大力士的肌肉，所有一切自然而然地就完成了，根本不费力。

然后，哥哥解释了实验的原理。当我们往纸袋里吹气的时候，吹进去的空气压力比外面的空气产生的压力大，于是纸袋就鼓了起来。外面空气的压强大约是每平方厘米1000克。大概计算一下受到书的压力作用的纸袋面积，很容易就能得出：假设纸袋上下的压强差只有 $\frac{1}{10}$，也就是说每平方厘米100克，则袋内空气对纸袋产生的总压力也几乎有10千克。这样大的力足以把书掀翻。

以上，就是用报纸进行的所有试验。

名师点评

请叫我"大力士"，或者"发电器"

就像一个真正的武林高手从不依仗神兵利器，就算是飞花摘叶也能伤人；作为一个小小物理学家，利用身边物品也能创造奇迹，比如一张报纸。

在小小物理学家的手里，一张一撕就破的报纸可以瞬间变身为一个大力士。如果不相信，就跟着下面的方法做一做，试试看。

在水平桌面上放一把尺子，让尺子的三分之一露出桌外。然后用一把小锤敲打尺子悬空的一端。

你猜会发生什么现象？毫无疑问，尺子的另一端会跳起来。

现在，该报纸大显神威了。

将报纸平铺在桌面上，盖住尺子在桌面上的那一部分。下面的操作最为关键：用手将报纸细心地捋平。然后，用小锤快速向下敲打尺子伸出桌面的一端，如图所示。

咦？尺子怎么老老实实地贴在桌面上，不再跳起来了？一张轻飘飘的报纸竟然真的把尺子压得死死的。

难道报纸真的是大力士吗？当然不是了，真正的幕后英雄是空气。当我们把报纸捋平时，报纸下的空气被排出，报纸上面的空气就会把报纸紧紧地压在桌面上。

你知道空气对报纸的压力有多大吗？说出来吓你一跳，相当于两个大胖子的体重。

　　报纸除了可以成为大力士，在小小物理学家的手里，还可以不用胶水就牢牢地贴在墙上，更神奇的是报纸和手指之间还能迸发出长长的蓝白色的电火花，它还有个酷酷的名字————"圣艾摩尔之火"，这时报纸已经顺利转型，由"大力士"变成"发电器"。

　　作为一个"发电器"，报纸的本领可不止这些。如果你想开一场小型的晚会，还可以用带电的报纸指挥一群小纸人翩翩起舞。

　　如果你对我以上描述的事情感到不可以思议，我也不会怪你。因为我第一次听到时也是觉得这是不可能发生的。我当时想做的就是赶紧找一张报纸试试看。

　　我猜，现在的你也是这样想的。还等什么，赶紧找一张报纸，跟着一起动手吧！

72个物理问题和实验

相当沉重的履带拖拉机能够平稳地行驶在松软的土地上,但是人和马走在上面的时候却很容易把脚陷到土里。很多人都非常困惑,因为拖拉机可比人和马重多了。为什么马的脚会陷入松软的土里,但是拖拉机却不会呢?

如何用不准的天平称重

称量精准的天平和质量精准的砝码，哪个更重要？很多人认为是前者，可是实际上是后者更重要。如果没有精确的砝码，就无法正确地称重；但是如果是天平不准，也依然完全可以准确地称重。

举个例子，如果用杠杆和茶杯做一个天平，你肯定质疑它的准确度。这时候你可以按下面所说的做：不要把需要称重的物体直接放到茶杯里，而是先在一个茶杯里放上其他物体，这个物体要稍微重过需要称重的物休；然后在另一个茶杯里放上砝码，使杠杆平衡。

接着，把要称重的物体放在装着砝码的茶杯里，这时杠杆会发生倾斜，为了保持杠杆平衡，需要拿掉一些砝码。被拿出的砝码重量就是被测物体的重量。其实道理很简单。物体和砝码对茶杯产生的作用力相等，因此，它们的重量相等。

利用不准的天平称重的巧妙办法是伟大的化学家德·伊·门捷列夫想出来的。

在称重台上

倘若一个人站在称重台上向下蹲，蹲下的瞬间称重台会是往上运动，还是会往下运动？

答案是向上。原因是当我们下蹲时，肌肉在将上身向下拉的同时也会向上拉双脚，因此身体对称重台产生的压力就减少了，称重台自然就向上升了。

滑轮拉重

倘若有一个人能够把100千克的重物从地上抬起，现在他为了抬起更重的东西，用绳子把重物绑住，再把绳子穿过固定在天花板上的滑轮。他能够用这种方法拉起多重的物体？

利用固定的滑轮能够拉起的物体重量一点儿也不会大于空手能够抬起的重量，甚至会更小。因为当我们去拉穿过固定滑轮的绳子时，能够抬起的物体重量不会超过自身的体重。如果抬物体的人体重小于100千克，则就无法用滑轮拉起同等重量的物体。

两把耙

很多人会把重力和压力弄混，实际上它们完全不是一回事。物体的重力可能很大，但产生的压力却可能非常小；相反地，重力小的物体也可能会产生巨大的压力。

通过下面的例子，你应该可以弄清楚重力和压力的区别，并且明白怎么计算物体在支撑物上产生的压力。

地里有两把相同构造的耙，但是其中一把有20个耙齿，另一把有60个。第一把耙连同重物重60千克，第二把耙共重120千克。

哪把耙会耙得更深呢？

大家很容易以为是负重大的那把耙耙得深。实际上，第一把耙的总重量60千克平均分摊在20个耙齿上以后，每个耙齿受到的压力是3千克；而第二把耙每个耙齿受到的压力是120/60千克，也就是2千克。这也就意味着，虽然第二耙的总重量大，但是耙齿扎入土地的程度要浅。因此第一把耙的每个耙齿受到的压力要大于第二把耙的耙齿，所以第一把耙耙得更深。

酸白菜

再看一个计算压力的小例子。有两个装酸白菜的木桶，上面都用圆木盖盖住，然后再在圆木盖的上面放上石头。第一个桶的木盖直径为24厘米，石头重10千克；第二个桶的木盖直径为32厘米，石头重16千克。

哪个酸白菜桶受到的压强大？

显然，是每平方厘米木盖受到的压力大的那个桶。第一个桶的木盖的面积为$3.14 \times 12 \times 12 \approx 452$平方厘米，石头重10千克，分摊到每平方厘米上，则每平方厘米木盖受到的压力是10000/452，也就是大约22克。同样的计算方法，第二个桶每平方厘米木盖受到的压力是16000/804，也就是大约20克。因此，第一个桶受到的压强大。

马和拖拉机

相当沉重的履带拖拉机能够平稳地行驶在松软的土地上，但是人和马走在上面的时候却很容易把脚陷到土里。很多人都非常困惑，因为拖拉机可比人和马重多了。为什么马的脚会陷入松软的土里，但是拖拉机却不会呢？

想弄清其中的缘由，就得先回忆一下重力和压力的区别。

陷得深的不是重力最大的物体，而是每平方厘米受到压力最大的物体。虽然履带拖拉机的重力很大，但是它可以分摊到履带的表面积上，而履带的表面积要比马和人的脚底面积大得多。因此，拖拉机每平方厘米的支撑面上受到的压力就只有几百克。但是马的重力分摊到面积很小的马蹄上，每平方厘米的支撑面受到的压力就要超过1000克，这可是拖拉机的10倍。因此也就不奇怪为什么马会陷入松软的土地，而履带拖拉机却不会了。很多人或许都见过，为了让马更好地在松软泥泞的土地上行走，人们常常会在马蹄上套上宽大的"底板"，这可以增大马蹄的支撑面积，这样马就不会陷得太厉害了。

冰上爬行

倘若河水或湖泊结的冰不够厚实，有经验的人就不会直接站在上面走动，而是趴在冰上爬行。为什么要这么做呢？

人躺着的时候，他的体重虽然不会改变，但是受力面积会增大，于是每平方厘米受到的压力就变小了。也就是说，压强变小了。

现在可以明白为什么在薄冰上爬行更加安全了吧——这样做的话冰受到的压强就变小了。所以有时候人们会躺在一块宽大的木板上滑过薄薄的冰面。

冰可以承受多大的压力呢？这取决于冰的厚度。厚4厘米的冰就能够承受一个行走的人的体重。

如果要在河面或湖泊上滑冰，需要多厚的冰呢？ 10 ~ 12厘米厚的冰就足够了。

绳子从哪儿断

做一个如图44所示的装置。在门缝中间固定一根木棒，在木棒上系一根绳子，然后在绳子的中间系一本重一点的书，头上系一把尺子。接下来用力扯尺子，绳子会从哪里断开？是书的上面，还是书的下面？

绳子到底是在书的上面断开，还是在书的下面断开，取决于你是怎么拉尺子的，即绳子在哪里断开要看你拉尺子的方式。如果你慢慢地拉，那么绳子的上端就会断开；如果你突然用劲地去扯，那么绳子会在下端断开。

图44

这是为什么呢？慢慢拉绳子的时候，绳子会在靠上的部分断开，是因为此时绳子的上端不仅受到手施加的拉力作用，还受到书的重力作用；而绳子的下面部分只受到手的拉力作用。如果突然拉绳子，由于作用力施加的时间太短，绳子的上面部分还来不及受到显著的作用力，它就不会被扯断，而所有的拉力就会集中作用于下面的部分，因此绳子就在靠下的地方断开了。就算绳子的下半段要比上半段粗，结果依然是这样。

被撕破的纸条

剪出一张纸条，要有手掌那么长、手指那么宽，然后我们可以用它做一个有趣的实验。先在纸条上剪开或撕开两个口（如图45

所示），然后问问你的同学，如果从两端用力扯纸条，纸条会从哪里断开。

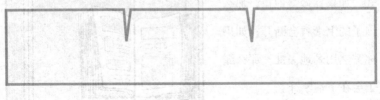

图45

"当然是在有裂口的地方断开了，"他肯定会这么回答。"会被撕成几段呢？"你继续问他。

通常情况下人们会回答会被撕成三段。如果你的同学也是这样回答，你就让他做个实验亲自检验一下。

他会惊讶地发现自己错了，纸条竟然只会断成两段。

无论做多少次这个实验，无论纸条多长多宽，也无论撕开的口是深还是浅，你只可能把纸条撕成两段，不会有什么变化。纸条会在它受力最弱的地方断开，就像俗语说的，"哪里细，哪里断"。原因在于，撕开或剪开的两个口，不管你多么仔细，它们都不可能被弄得一模一样，肯定会有一个深一点，一个浅一点，哪怕看上去几乎没有什么差别。裂口更深的地方就是纸条承受能力最弱的地方，纸条就会从这里断开。一旦被撕开，随着裂口越来越深，这个地方的承受能力会越来越弱，最终纸条就会在这个地方完全断开。

现在你应该满意了，因为在进行这个看似不起眼的实验时，你已经触及科学技术中一项非常重要的领域，那就是"物体的阻力"。

牢固的火柴盒

如果用拳头用力地去砸空火柴盒，火柴盒被变成什么样子呢？

我相信，十个读者当中大概会有九个告诉我火柴盒会被砸坏，最多只有一个人——他亲自做过这个实验，或者是从别人那里听说过——会有不同的看法：火柴盒会保持原样。

这个实验要按下面说的这么做。把空火柴盒的盒套和内屉按图46的方法摆放，接着用拳头迅速、用力地砸向火柴盒。你会看到火柴盒虽然被砸飞了，可是把它们捡起来一看，不管外盒套还是内屉依然完好无损。火柴盒会产生很大的弹力，弹力可以保护火柴盒：火柴盒虽然略有变形，但不会被弄坏。

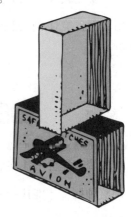

图46

把物体吹向自己

把一个空火柴盒放在桌上，然后找一个人让他把火柴盒吹远。完成这件事当然是非常容易的。那你让他反过来把火柴盒吹回来，并且不可以把头伸过去从火柴盒的后面吹。

几乎没人知道该怎么做到这件事。有一些人会试图通过吸气的方法把火柴盒吸过来，显然这没有一点作用。其实要做到这件事很容易。该如何做呢？

找一个人让他把手掌挡在火柴盒后面，接着你就开始往他的手上吹气。气流碰到手掌后会反折回来，作用在火柴盒上，就会把它吹向你这边。

要完成这个实验过程很简单，唯一要注意的就是桌子要足够光滑，而且绝对不能是在铺了桌布的桌子上。

如何调整挂钟快慢

倘若挂钟（挂在墙上、带钟摆的钟表）的时间慢了，该怎样调整钟摆，才能让挂钟正常工作呢？如果它走快了，又应该怎么做呢？

钟摆越短，摆动的速度也就越快。只要用系上重物的绳子做个实验，就可以证明。根据这个道理，很容易就能得到上面的问题的答案。如果挂钟的时间慢了，就要抬高钟摆轴上的垫片，让钟摆的长度稍微缩短些；如果挂钟的时间快了，就要让钟摆的长度变长。

平衡杆会怎么停

两个同样重量的小球固定在一根木杆的两端（图47）。然后在木杆的正中心钻一个小洞，把一根小木条从洞里穿过去。如果以木条为转轴旋转木杆，它会在旋转几圈后停下。

你可以预先判断出，木杆会在什么位置停下来吗？

有些人认为，木杆只会在垂直的方向上停下来。这是错误的。事实上，木杆可以在任何位置保持平衡（图47）——垂直方向、水平方向，甚至倾斜的方向上，因为它的重心在支点上。任何物体，如果通过它的重心把它托住或者悬挂起来，那么这个物体可以在任何状态下都保持平衡。

所以，想提前判断出木杆停在什么位置是不可能实现的。

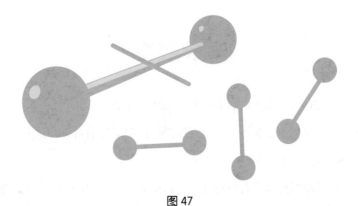

图47

在车厢里往上跳

倘若有辆火车以每小时36千米的速度行驶，而你站在这辆火车的车厢里往上跳，假设你可以在空中停留1秒（假设的这个时间是偏大的，因为那样的话你得跳1米多高），当你落地时，你会站在哪里？是原来的地方，还是其他地方？如果是别的地方，是向前了还是向后了呢？

实际上，你站在哪里往上跳，就会落在哪里。不要以为当你在空中的时候，底板会连同车厢一起向前行进而把你甩在后面。虽然车厢确实在前进，但是由于惯性的作用，你也会跟着一起往前，而且你的行进速度和车厢的行进速度是一样的。你总是会刚好落在起跳的地方。

在甲板上

假设有两个人在轮船的甲板上玩球，轮船在行驶，一个人靠近船头，一个人靠近船尾。谁可以更轻松地把球抛给对方？是前一个人，还是后一个人呢？

如果轮船是匀速直线行进，则两个人是一样轻松的——情况跟在静止的轮船上相同。不要以为靠近船头的人会远离球，而靠近船尾的人是向着球移动的。由于惯性作用，球和轮船保持相同的速度。轮船的行驶速度也会传递给玩球的人，包括飞行的球。因此，由于轮船的运动（匀速直线），哪个人都占不到便宜。

旗　子

如果气球被风吹向北方，那么气球吊篮上的旗子会飘向哪个方向呢？

当气球受到气流作用而发生运动时，相对于周围的空气，气球是静止的，因此，气球上的旗子不会因为风的作用而朝任何方向展开，和无风的时候一样，旗子都会下垂着。

在气球上

假设气球在空中静止着。现在从吊篮里爬出一个人，开始沿着绳索往上爬。这时候气球怎么运动？向上运动还是向下运动？

答案是气球会向下。因为人在向上爬的时候，会对气球产生一个反方向的作用力，因此气球会向下。这跟人在船上行走一样：人往前走，船会往后走。

走路和跑步的区别

跑步和走路的区别是什么?

在回答这个问题之前,先回想一下,跑步可能会比走路还慢,甚至会出现在原地跑步的情况。

跑步和走路的不同不在于速度。走路的时候,我们的身体总是通过脚掌的一部分与地面接触,而跑步的时候,我们的身体可能会彻底离开地面。

自动平衡的木棒

分别伸出两只手的食指,放在桌子上,然后把一根平滑的木棒放在食指上,如图48所示。现在把两根手指靠近,并让它们完全贴紧。奇怪的事发生了!当手指完全贴在一起时,木棒并没有掉下来,而是仍然保持平衡。就算改变手指原来的位置,再做几遍这个实验,结果也不会有什么改变,木棒会始终保持平衡。用画图尺、带柄的手杖、台球杆、地板刷代替木棒,结果也是一样的。

这是为什么?

首先要清楚的一点是,一旦木棒在并在一起的手指上保持平衡,就说明手指刚好在木棒的重心下面(如果经过物体重心的垂线刚好通过支撑物内部，物体就可以保持平衡）。

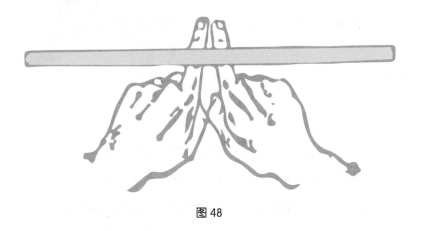

图 48

把两根手指分开的时候，物体的大部分重量会作用在靠近物体重心的手指上。由于压力越大，产生的摩擦力也越大，所以，靠近物体重心的手指就会受到更大的摩擦力。因此，靠近重心的手指就难以滑动，只有远离重心的手指可以慢慢移动，一旦这根手指移动后离重心的距离更近，两根手指的角色就发生转换了。这样的过程要多重复几次，直到两根手指完全贴在一起。因为每次都只有远离重心的那一根手指可以移动，自然而然，两根手指最终贴紧的地方就是在木棒重心的下面。

结束这次实验前，可以再用地板刷重复一遍（图49），然后思考一个问题：如果在手指最终贴紧的地方把地板刷折成两段放在天平上，天平的哪一端更重？是有把手的一端，还是带刷子的一端？

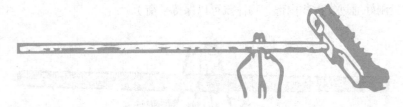

图 49

你可能会认为，既然地板刷的两部分可以在手指上保持平衡，那么把它们放在天平上以后，天平也会保持平衡。实际上，带刷子的一边更重。原因很简单，我们只要想到，当地板刷在手指上保持平衡时，手指左右两边受到的重力是在不相等的力臂上；而在天平上的时候，重量同之前相比，没有改变，但是力臂却相等。

我为彼得堡文化公园的"趣味科学馆"订购了一批重心在不同位置的木棒，然后沿着重心所在的位置把木棒折成两部分。当把两段木棒分别放在天平两边时，参观者常常惊讶地发现，短木棒总是比长木棒重。

河上的桨手

有一艘船漂在河上，船的旁边还漂着一块木片。对于桨手来说，是往前滑，超过木片10米容易；还是往后滑，落后木片10米容易？

甚至有些从事水上运动的人也会错误地回答这个问题。他们认为，逆流划船要比顺流困难。因此，在他们看来，超过木片要比落后木片容易些。

当然，如果要让船靠近岸边的某个停靠点，逆流的确会比顺流困难，这没有问题。可是，如果这个停靠点和河面上的木片那样，跟你一起顺着河水漂流，那情况可就大不一样了。

要知道，船在顺水漂流的时候，船与河水是相对静止的。这时候，桨手划船的感觉和他在静止的湖泊上划船的感觉是一样的。无论桨手要往哪个方向划船，他的轻松程度都不会发生很大变化。这跟我们上面讨论的问题是一样的。

所以对于桨手来说，两者没有什么差别。无论是要超过木片一段距离，还是落后木片同样的距离，他都得花费同样的精力。

水面上的波纹

如果把一块石头抛向平静的水面，水面上会泛起一圈圈向外泛开的圆形波纹。

如果把石头往流动的河水里扔，波纹会是什么样的呢？如果你不能马上找到解决这个问题的方法，就很容易误入歧途，从而得出下面的结论：把石头扔进流动的河水后，泛起的波纹不是形状不规则的长圆形，也不是短半轴在水流方向上的椭圆形。实际上，如果仔细观察石头周围向外泛开的波纹，我们会发现，无论水流有多快，波纹一直是圆形的，不会发生任何变形。

其实答案并不让人意外。一个简单的推断就可以帮助我们得出结论，无论河水是静止还是流动，扔进石头后产生的波纹都是圆形的。我们可以把河水的运动分解为两个部分：从中心向四周的辐射状运动，以及对应于水流方向上的运动。物体再运动后最终停止时的状态，应当和将这个运动分解后依次进行的结果一致。

因此，我们先来解释把石头扔进静止的河水。在这种情况下，产生的波纹当然是圆形的。

现在想象一下，水流在运动——不管水流的速度是多少，是匀速还是非匀速，只要这个运动是向前即可。这时候，原本是圆形的波纹会有什么变化发生呢？它们会随着水流发生位置的改变，但形状却不会有什么变形，也就是说，它们仍然是圆形的。

蜡烛火苗的偏向

如果把一根点燃的蜡烛从房间的一头移动到另一头，我们会发现，烛苗会向后倾斜。如果把蜡烛放在封闭的灯笼里再移动，烛苗会有什么变化呢？

如果我们手提灯笼匀速地旋转，灯笼里蜡烛的火苗又会有什么变化呢？

如果有人认为，放在封闭灯笼里的蜡烛被移动的时候，烛苗完全不会倾斜，那可就错了。你可以用点燃的火柴做一个实验，就可以发现，如果我们一边用手护住火苗一边移动火柴，火苗会发生倾斜，而且出人意料的是，火苗是向前而不是向后倾斜。火苗向前倾斜的原因是，火苗的密度要小于它周围的空气的密度。相等的作用力会使密度小的物体产生更大的运动速度，因此，在灯笼里的时候，火苗会比空气中具有更快的速度，所以火苗就会向前倾斜了。

同样的道理——火苗比周围空气的密度小，这也可以解释，为什么灯笼在做圆周运动的时候，火苗的倾斜方向会和我们预想的不一样：它会向内，而不是像我们所想的那样向外倾斜。其实这个现象很容易理解，只要我们想象一下在离心机里面做旋转运动的小球中水银和水的运动状态；水银离开旋转轴的距离比水远；如果把从离心轴向外的方向（也就是物体由于离心力的作用下降的方向）看成是下方，那么水就好像是在水银上浮着一样。由于烛苗要轻于周围的空气，因此灯笼在旋转的时候，从指向旋转轴的方向上看，烛苗就好像在空气上浮着一样。

中部下垂的绳子

要用多大的作用力拉紧绳子，才不会让绳子的中部下垂？其实无论多么用力拉绳子，绳子中部始终会下垂。导致绳子中部下垂的重力是作用在垂直方向上的，而绳子的张力并没有沿着垂直方向。这两个力不管怎样都不可能相互平衡，也就是说它们的合力不可能为零。就是这样的合力使得绳子的中部下垂。

无论施加在绳子上的拉力有多么大，绳子都不可能被完全拉直（除非绳子是垂直放置的），绳子的中部肯定会下垂。虽然下垂的程度可以尽量减小，但让这个力达到零，也就是使绳子不下垂是不可能做到的。因此，任何并非垂直放置的绳子或传送带，它们的中部都会下垂。

一样的道理，我们也不可能把吊床完全拉平。席梦思金属网线虽然被拉紧了，但在躺在上面的人的重力作用下也会下垂。而吊床绳子的张力要弱得多，人躺上去，吊床就完全变成一个耷拉着的睡袋了。

瓶子应该往哪儿扔

把一个瓶子从运动中的车厢窗口往外扔，应该往哪个方向扔瓶子，才可以让瓶子落地时破碎的危险性最低？

如果是人从运动的车厢向外跳，沿着运动的方向往前跳要比逆着往后跳安全，因此似乎可以推断出，把瓶子往前扔，瓶子落地时受到的冲击力最弱。可是这种想法是错误的，应该往后扔物品，也就是与车厢运动的方向相反。这时候，投掷的动作使瓶子具有的速度，会被惯性产生的速度部分抵消，最终，瓶子落到地面时的速度就会减小。如果把瓶子往前扔的话，情况就会反过来：两种速度叠加，瓶子与地面的冲击就会加强。

对人来说，之所以往前跳比往后跳安全，其中的原因完全不一样：往前跳跌伤的可能性要低于往后跳。

浮着的软木塞

一块软木塞掉进了装着水的玻璃瓶里。软木塞的大小正好可以从瓶口将其拿出。但不知为什么，不管怎么倾斜或翻转玻璃瓶，泼出的水始终不会把软木塞带出来。只有玻璃瓶被倒空，软木塞才会随着最后一部分水从玻璃瓶中掉出来。为什么会出现这样的情况呢？

水不会在一开始就将软木塞带出的原因很简单，因为软木塞比水的密度小，所以它总是在水面上浮着。因此只有当瓶子里的水几乎倒光的时候，软木塞才有可能停在下面，也就是在靠近瓶口的地方。所以，软木塞只能随最后一部分水流出而被倒出来。

春　汛

春汛的时候，河水的水面会凸起——河水的中央会比岸边要高。如果在春汛时的河面上漂浮着一根根木柴，这些木柴就会从河面的中央被推向岸边。在平水期，也就是水位比较低的时候，河面会向下凹——中央的水面要低于岸边的水面。此时漂浮的木柴向河水中央集中。

这是什么原因呢？

为什么春汛时水面会上凸，而平水期河面会向下凹？

原因在于，河水中间的水流速度总是比岸边的水流速度快：河水与河岸的摩擦使得水流速度减缓。春汛时，河水从上游流下，而且河水中部水量的增加速度要比岸边的快，因为中部的水流速度快。由此可以得知，既然中部水量增加的速度快，河水的中部自然会向上凸起。另一方面，平水期时，水量会减少，而河水中部的水流速度比岸边的快，所以水量减少得也多，河面就会下凹。

液体会产生向上的作用力

液体会产生向下的作用力，会产生对容器的底部、侧面、内壁的压力，关于这一点，就算是没有学过物理的人应该也明白。可是，许多人从没想过，液体同时也会产生向上的作用力。煤油灯的玻璃管证实这样的压力确实存在。用硬纸板剪出一个小圆片，圆片的大小要刚好可以盖住玻璃管的管口。然后把小圆片贴在玻璃管的一端，把它浸入水中。为了让圆片在浸入的时候不会掉落，可以用一根穿过圆片中心的细线把它系住，或者用手指按住。接着当把玻璃管浸入一定程度时，你会发现，即使不用手指压住或者用细线系住，圆片自己也可以紧贴在玻璃管上——水对圆片产生了向上的作用力。

你甚至能够测量出这一作用力的大小。慢慢地把水倒入玻璃管：一旦玻璃管内的水位和管外容器的水位一致，圆片就会掉落下来（图50）。这说明，水对圆片向上的作用力和水柱对它向下的作用力相等，而这段水柱的高度正好和圆片浸入水中的深度一样。知道这些就可以计算出液体对浸入其中的物体会产生多大的压力。此外，因为上述的原因，物体在液体中会"丢失"重量，这就是著名的阿基米德定律。

如果现在有几根不同形状但管口大小相同的玻璃管，你还可以通过实验验证另一个有关液体的物理定律，这就是液体对容器底部压力的大小，只取决于容器的底面积和液面的高度，而与容器的形状无关。用不同的玻璃管重复上面的实验，让它们浸入水中的深度相同（为此，应当事先在玻璃管上分别贴上纸条，保持纸条的高度相同）。然后你会发现每次纸片掉落时管内的水位都一样（图51）。这就说明，如果水柱的成分和高度相同，不同形状的水柱产生的压力都是相同的。要注意，在这个实验中，重要的是水柱的高度，而不是长度，因为倾斜的长水柱与高度相同的垂直短水柱，两者对底部产生的压力也是相同的（在底面积一样的情况下）。

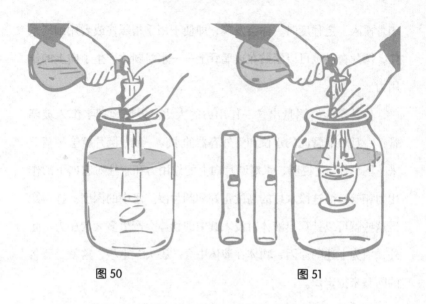

图 50 图 51

哪边更重

如果在天平的一边放一个装满水的木桶，在另一边也放一个同样大小、同样装满水的木桶，只不过在这边的木桶里还漂着一块木头。天平会倾斜向哪边呢？

我向很多人提出过这个问题，大家的回答并不一致。有些人认为，有木头的水桶会更重，因为"水桶里除了水，还有木头呢"。另一些人认为没有木头的水桶更重一些，因为"水比木头重"。

但是两个答案都不对：真正的结果是两个水桶一样重。确实，第二个水桶里的水比第一个水桶里的水少，因为木块把一部分水挤了出来。但是根据浮力定律，物体排开的液体重量和这个物体的重量正好相等。因此两边的重量是相等的。

现在来回答另一个问题。如果在天平的一端放一个装了水的玻璃杯，旁边放着砝码，在另一端放上砝码使天平保持平衡。然后把砝码放进玻璃杯，天平会有什么变化？

根据阿基米德定律，砝码在水中的重量会变轻。似乎可以假设，把砝码放入水中，天平有玻璃杯的一端会翘起。但实际上，天平依然保持平衡。这是为什么？

因为砝码放入水杯后导致水面上升，水对容器底部的压力就会变大，因此容器底部增加的作用力也就等于砝码丢失的重力。

竹篮打水

竹篮打水并非只在童话之中存在。物理学知识可以帮助我们完成看似不可能的事情。为了完成这个实验，我们需要准备一个直径15厘米的筛子，筛眼不能太大（1毫米左右）。然后把筛子浸入溶化的石蜡之中再拿出来：这时筛面会覆上一层薄薄的，几乎看不出来的石蜡。

筛子还是筛子——上面依然有能够让大头针自由通过的小孔——但是，你会发现，筛子的的确确可以用来打水了。这样的筛子能够支撑住相当多分量的水，并且不使水从筛眼中漏下。唯一要注意的是，倒水的时候应当非常谨慎，而且避免筛子受到碰撞。

为什么水不会漏下去？这是因为当水让石蜡变得湿润时，会在筛眼表面形成一层向下凸的薄膜，正是这层薄膜把水留在了筛子里（图52）

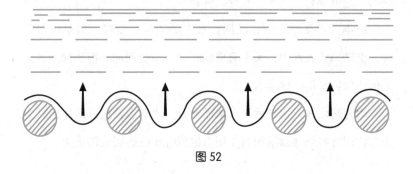

图 52

也可以把浸过石蜡的筛子放在水里，筛子就会在水面上浮起来。这说明，筛子不仅可以打水，还可以浮在水上。

这个神奇的实验可以解释生活中许多有趣的现象，只不过我们对这些现象太习以为常，以至于很少去思考它们背后的知识。给水桶和船体涂上树脂，在软木塞和木栓上涂上油脂，涂抹润滑油，总之是把油性物质涂抹在物体上，使其具有不透水性，以及把纺织品浸胶——所有这些行为跟刚才对筛子进行处理的性质相同。它们的本质都是一样的，只是用筛子打水在生活中比较少见罢了。

肥皂泡

如有人问你是否会吹肥皂泡，你肯定说当然会，这其中也不存在什么技巧。然而这还真不像你认为的那么容易。为了研究这个问题，我专门实践过，结果发现，把肥皂泡吹得又大又美丽是一门手艺，而且是熟能生巧。

然而，或许有人会质疑：像吹肥皂泡这么无关紧要的事，值得去研究吗？

对于这件事，学生们并不乐意接受，至少，这个话题在谈话中并不能很好地拉近彼此的距离。可是物理学家对此却有完全不同的观点。著名的英国科学家开尔文曾经写过这样一段话："你首先吹一个肥皂泡，然后仔细地去观察它。这值得你用一生的精力去研究它。在这个研究过程中你会源源不断地学到你之前不知道的物理知识。"

事实为证：物理学家们之所以能测量出光波的长度就是因为受到肥皂泡薄薄的表面上那奇妙的色彩的启发。另外，对肥皂泡薄膜表面张力的研究启发了他们对微粒之间的相互作用力的研究。要知道，假如不存在这些令微粒连接在一起的相互作用力，那么，这个世界上就只有灰尘，至于其他的物质根本不存在。

下面我们即将介绍的实验并不是要解决哪个严肃的问题，仅仅是介绍一些可以帮助我们更好地了解吹肥皂泡这门艺术的十分有趣的方法。著名的英国物理学家波易斯将与肥皂泡相关的各种实验在名为《肥皂泡》的书里作了详尽的描述。如果有兴趣的话，你可以自己再仔细阅读这本有趣的书，在这里我们只对书中的一些简单易懂的实验做介绍。

吹肥皂泡时，建议使用一般的黄色洗衣皂搓出的水来吹。所谓的合成皂我们建议不要用。最好的选择是纯的橄榄皂或杏仁皂，使用它们搓出来的水吹出的泡泡绝对是又大又好看。轻轻地把一块那样的肥皂放在干净的凉水中，等待它溶解到有足够浓的肥皂水。用雨水或者雪水来溶解是最佳选择，要是没有的话，也可以用煮沸的开水或冰冻过的凉水。另外，柏拉图建议将溶液体积1/3的甘油加入肥皂水中，目的是让肥皂泡支撑更长的时间。之后，将溶液表面结起的薄膜和泡沫用勺子小心地舀去，再将一根细长的里外都已涂上肥皂液的陶管插入溶液中。还可以选用差不多10厘米长的稻草秆，前提是必须把稻秆的底部剪成十字形，这样也可以吹出漂亮的肥皂泡。

吹肥皂泡的方法是：将陶管垂直插入到肥皂溶液中，使陶管四周形成一圈薄膜，之后就可以轻轻地吹气了。此时，从我们肺里吹出的温暖空气会充满整个肥皂泡，因为这种暖空气与房间周围的空气相比要轻一些，所以肥皂泡会慢慢地向上隆起。

什么样的肥皂溶液才算是恰到好处呢？要是能立即吹出直径大概10厘米的泡泡，便说明正好；不然就要继续将肥皂加入溶液里，一直等到能吹出那样的泡泡，并且失败的概率非常小。吹出泡泡之后，将手指浸到溶液里沾湿，再试着戳破肥皂泡。假如肥皂泡没有被戳破，就能够继续做下面的实验了；假如肥皂泡破了，那么，还需要往溶液里再加一点肥皂。

做这个实验一定要格外小心，要缓慢地进行。并且需要尽量充足的光线，使室内足够明亮，不然肥皂泡就不能变化出彩虹的颜色了。

下面介绍几个关于肥皂泡的有趣实验。

罩着花的肥皂泡（图53A）：将一些肥皂溶液倒入盘子或者托盘里，注意溶液要将盘底彻底覆盖住，并且溶液的高度大概要达到2～3毫米。然后将一朵小花或者一盆小花放在盘子的正中央，再拿玻璃漏斗将其罩住，之后再将漏斗缓缓地拿起来，对着漏嘴轻轻地吹气，这样便能吹出有魅力的肥皂泡。当肥皂泡被吹得足够大时，把漏斗倾斜过来（图53B），慢慢地把漏斗与肥皂泡分离开。这时用肥皂膜做成的圆形透明罩就罩住了盘子里的花，透明罩的表面出现彩虹的颜色，并且不停地变幻着。

一个套着一个的肥皂泡（图53C）：还是利用上面的玻璃漏斗吹出一个很大的肥皂泡来。然后把稻草秆的大部分都插入肥皂溶液中，只留出末端的一小段用来吹气就行了。将稻草秆穿透第一层肥皂泡的薄膜插入到溶液的中间，接着将稻草秆慢慢地往回抽，不过不要抽出肥皂泡的外面，之后再轻轻地把第二层肥皂泡吹出来，这样第一个肥皂泡里就又套了一个小一点的肥皂泡。当然，还可以继续往里面吹出第三个、第四个，等等。

做肥皂泡圆筒（图53B）：这个实验需要准备两个铁环，首先吹一个普通的球形肥皂泡，将其置于下面的铁环上，然后在肥皂泡的上面放上另一个浸湿的铁环，再将上面的铁环往上拉，这样肥皂泡就被拉成圆柱形（图54左）的了。还有更有趣的，就是假如铁环被拉起的高度大于铁环的周长，就会发现：肥皂泡圆柱的一半会膨胀，另一半会缩小，最终分成了两个肥皂泡。

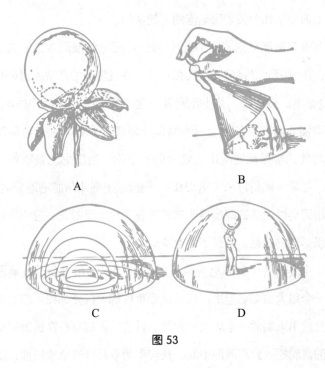

图53

这时肥皂泡的表面薄膜一直处于被拉紧的状态，存在于肥皂泡里的气体会产生压力。假如将肥皂沫靠向火烛，此时，烛苗会明显地倾斜到一边（图54右）。这说明这层薄膜的力量并非是微不足道的。

图 54

通过观察肥皂泡，你会发现这样一件非常有趣的现象：如果将肥皂泡从一个温暖的环境转移到寒冷的地方，这时肥皂泡似乎缩小了；反之，倘若将它从寒冷的环境转移到温暖的地方，它的体积就会变大。原因在于肥皂泡内空气的热胀冷缩。举个例子来说，先将肥皂泡放在 $-15℃$ 的地方，这时的体积是 1000 立方厘米，然后把肥皂泡转移到 $15℃$ 的屋子里，此时会发现肥皂泡的体积将会增大 $1000 \times 30 \times \dfrac{1}{273} \approx 110$ 立方厘米。

还有重要的一点值得跟大家一提：人们普遍认为肥皂泡不能长时间存在，其实这个观点并不是完全正确，肥皂泡在适当的环境中可以足足存在 10 天。英国伟大的科学家杜瓦（因提出空气液化理论而闻名于世）将肥皂泡放在一些特制的瓶子中保存，这种瓶子不仅可以防尘、防干燥，还能够防止空气的震动。肥皂泡在这种条件下，其中有一部分竟然保存了整整一个月，甚至还有超过一个月的。美国的劳伦斯更神奇，他将肥皂泡置于特制的玻璃罩里，结果完好保存了好几年。

改良的漏斗

一个人如果曾经用漏斗把液体灌进瓶子里，那么他一定清楚，在灌液体的过程中，需要将漏斗提起多次。假如瓶子中的空气未能流出去，那么便会对漏斗内的液体产生压力，导致无法灌入液体。当液体流入瓶子时，瓶内的空气就会因为受到液体的压力而收缩，然而，空气收缩到一定的限度时，它就会产生一股足以将液体堵在漏斗内的强大的压力。因此，我们必须时常把漏斗稍稍拿起来，使瓶内被压缩的空气排除瓶子之外，这样漏斗内的液体才能继续往下流。

可见，根据这个道理，我们应该把漏斗制作成这个样子：位于漏斗下方管状部分的外表面设计上纵向的突起，目的是让漏斗与瓶口之间留点缝隙用以排气。然而，我仅仅在实验室中见过相似结构的过滤器，像这样的漏斗在日常生活中我还从未发现过。

翻转后杯内的水有多重？

听到这个问题，或许你会这样回答："肯定没有什么重量，因为翻转杯子后水就都被倒出来了。"

如果我执意要问："假如水没有被倒出来，会有多重呢？"

实际上，确实可以做到把水杯翻转过来而又不让水倒出来，就像图55所示的那样。将盛满了水的高脚杯翻转过来吊在天平的一端，这时水却没有流出来，原因在于杯口被浸入了装满水的容器中。同时把一个完全一样的空酒杯挂在天平的另一端。

你觉得天平的哪一端比较重呢？

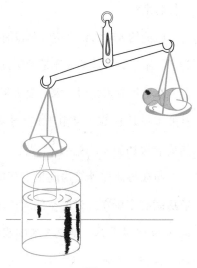

图55

当然是吊着装满水的高脚杯那一端比较重。原因在于杯子的上方受到空气的压力，然而杯内水的重量却减弱了杯子下部的气压。只有把另一端的高脚杯也灌满了水，才会使天平保持平衡。此时你会明白一个道理：杯子翻转后杯内水的重量等同于正放时的重量。

房间内的空气有多重？

你可以准确地或者大概地知道，存在于一间并不太大的房间里的空气的重量是多少吗？是多少克？还是多少千克？这么重的物体对你而言，是可以仅用一个手指托起来呢，还是用肩膀只能勉勉强强扛起来？

以前的人通常认为空气是没有重量的，但是现在没有人这样认为了。不过大多数的人还是无法具体地说出空气的重量。

在这里我来告诉大家，夏天近地面（并非山上）的热空气1公升的重量是$1\frac{1}{5}$克。又由于1立方米=1000升，因此，1立方米空气的重量为$1000 \times 1\frac{1}{5}$克$=1\frac{1}{5}$千克。

现在再让你计算房间里空气的重量就不是难事了。只需要知道房间有多少立方米的空间就能轻而易举地计算出来。例如一间面积为15平方米、高为3米的房间，它里面的空气的体积就是15×3=45立方米。

那么，空气的重量就是$45+45 \times \frac{1}{5}$=54千克。对于一般人来说，这个重量根本不能被一根手指举起来，即使是用肩膀扛也不是一件容易的事。

不听话的瓶塞

通过这个实验，你将会明白一个道理：被压缩后的空气能够产生作用力，并且这个作用力非常大。

进行这项实验只需用到两个道具：一个普通的玻璃瓶和一个比玻璃瓶的瓶口略小一点的瓶塞。

把这个玻璃瓶垂直竖放，再将瓶塞放进瓶口，然后另外找一个人，让他对着瓶口吹气，力图把瓶塞吹进瓶子中。

这件事表面看上去似乎很简单，但是如果你亲自尝试着用力吹气，就会看到完全出乎意料的结果：瓶塞非但没有被吹进去，反而朝你倒飞过来了。

你越是用力吹，瓶塞就会越快倒飞出来。

如果想使瓶塞进入到瓶子里，你所需要使用的方法恰恰相反，要对准瓶塞往外吸气，而不是朝瓶塞吹气。下面我为大家解释一下这个奇妙的现象：在你向瓶口吹气时，空气从瓶塞和瓶口内壁之间的缝隙进入到瓶子里，这就导致了瓶内气压的增加，使瓶塞被空气挤了出来；反之，在你往外吸气时，减少了瓶内的空气，这时压强较大的外部空气就把瓶塞压了进去。要想成功完成这个实验，前提是保证瓶塞完全干燥，如果瓶塞是湿的，就会和瓶口内壁发生摩擦，致使瓶塞堵住瓶口。

儿童气球的命运

当孩子们玩气球时，常常会不小心松开手，这时气球就飞走了。那么它们到底飞向何处了呢？它们又能飞多高呢？

从手中飞走的气球无法冲破大气层飞到外面去，它只可以飞到自己的"极限"高度。当它飞到那个高度时，因为大气稀薄的原因，气球的重量和被它挤开的空气重量是完全相同的。然而气球不是每一次都可以达到这个"极限"，原因在于气球在上升的过程中随着外部气压的减小而一直膨胀，导致气球还未达到自己的"极限"，就被里面不断增强的气压给撑破了。

车　轮

大家都知道，当汽车的车轮朝右边滚动时，轮轴就会按顺时针方向转动。那么我想要问的是：此时轮胎里的空气的移动方向是怎样的呢？是与车轮的方向一样还是相反呢？

其实，受到挤压的车轮内的空气会向前后两个方向移动。

铁轨间为何要留接缝?

细心的人都不难发现铁轨接头处总会留出一定的间隙,这称为接缝。其实这个做法是有特别用意的。假如铁轨之间紧密连接,而不设间隙,那么铁路根本使用不了。因为不管什么物体受热后都会向四面八方膨胀开来。在炎热的夏季,由于日晒,铁轨会受热变长。假如不给铁轨之间留出伸长的空间,那么铁轨就会相互挤压导致变形,这时固定铁轨的道钉会被迫脱落,进而对道路的顺利通行产生阻碍。

同样,接缝的设计也要把冬季的情况考虑进去。在寒冷的冬季,铁轨会因受冷而收缩,这样一来就拉大了铁轨之间的间隙,因此,设计者在设计接缝的距离时,要仔细分析当地的气候严格计算。

借助物体遇冷收缩的性质,可以把烧热的铁轮毂紧紧套在货车轮轴上。等铁轮毂冷却之后自然会变小,如此一来它就牢牢地套在轮轴外面了。

喝茶和喝格瓦斯用的杯子

见过喝茶和喝格瓦斯❶用的杯子的人可能早就发现,一般用来

---

❶ 格瓦斯:俄罗斯民间用面包和水果等发酵而成的一种饮料。——译者注

喝冷饮的杯子的杯底都很厚。其中的道理大家很容易想到：这种杯子放着更稳当，很难翻倒。然而为什么喝茶时不用这样的杯子呢？假如杯子不易翻倒的话，那么用来喝茶也是不错的选择啊？

人们之所以喝热饮时不使用厚底杯子，原因在于受热后杯子的内壁会比杯底膨胀得更厉害，很容易破裂，这样的杯子是不可以用来喝茶的。越是薄的容器，其杯壁和杯底的厚度差别就会越小，受热后容器的膨胀程度就会越均匀，容器抗破裂的能力就越强。

茶壶盖上的小洞

应该所有人都注意到在每个金属茶壶的壶盖上都有一个小洞。知道它有什么作用吗？它的用途就是排除蒸汽，不然的话，壶盖就会被蒸汽顶起来。然而，受热后的壶盖会膨胀，此时这个小洞会有什么变化呢？它究竟会变小还是会变大呢？

正确答案是壶盖受热后小洞会变大一些。总体来讲，物体上的小孔或小洞就好比是用这个物体的材料制成的一个小圆片，受热后，它们的体积也会随着膨胀。顺便告诉大家，根据这个性质我们就可以知道，受热后的容器容积会增大。事实是这样吗？

烟囱里的烟

为什么在无风的情况下烟囱里的烟还是会向上冒呢？

烟之所以会往上冒，是因为烟囱里的空气受热后发生膨胀，而且此时比烟囱四周的空气要轻一些，所以烟就会被热空气推到上面去。等到支撑烟尘的热空气冷却下来以后，烟尘就会下落，直到地面。

不会燃烧的纸

通过一个实验，我们可以让放在烛苗上的纸条不燃烧。

在实验之前，像缠绷带那样把铁块用细窄的纸条包起来。实验时把包好的铁块置于蜡烛上，这时纸条并不会被点燃。眼看着火苗明明舔着纸条，直到把纸条给熏黑，然而却没有把它烧着，只有当铁块被烧得炽热的时候，纸条才会燃烧起来。

纸条究竟为何不会被点燃呢？原因是铁块跟其他所有的金属一样，导热性非常好，它完全可以吸走烛苗传递给纸条的热量。假如我们把铁块换成木块，那样纸条会很快燃烧起来，原因是木头具有非常差的导热性。要想提高实验的成功率，最好选用铜块。

同理，在钥匙上缠绕上细线，这个实验的名字就变了——不会燃烧的绳子。

123

冬天怎么封堵窗框？

首先，有必要先搞清楚一个问题——经过封堵的窗户为何能加快房间"烧热"呢？

其实这是不对的。真正的原因在于被封堵在室内的空气，而与窗框的数量无关。要知道，空气具有非常差的导热性。因此，只要把空气牢牢地封堵在室内，不让空气跑出去带走热量，房间就会保持温暖了。

另外，还有一个观点也是不正确的：一部分人认为封堵窗户的时候要在其上方空出一点缝隙。假如真的那样做，外部的冷空气就会挤压房间里的暖空气，这样就导致了房间变冷。正确的方法是将两扇窗户彻底压紧，一丝缝隙都不能留。

假如找不到密封条，用厚纸条代替也是可以的。要想节约煤炭，将窗户封堵严实是唯一的办法。

为什么关好的窗户会漏风？

在天冷时，人们会把窗户封堵严实，不留丝毫空隙，然而，即使这样也还会常常漏风，这实在让人不解。实际上，这也不需要大惊小怪。

室内的空气时刻处于运动状态：房间里的空气由于受热和冷却

总是会产生我们无法用肉眼看到的气流。空气由于遇热发生膨胀而变轻；反之，空气由于遇冷而收缩变重。位于台灯、壁炉附近的空气因为受热而变轻，之后被较重的冷空气推向天花板；与此同时，位于窗户或冰冷的墙壁附近的空气由于受冷而收缩变重，进而流向地面。

要想清楚地看到房间里的气流运动，我们可以借助气球。将一个重物挂在气球上，目的是不让气球飞向天花板，而是使它在空中自由地飘浮。首先将气球置于烧热的炉子旁边，这时，看不见的气流会给气球一个作用力，使它在房间里按这样的路径飞行：先从火炉处飞到靠近窗户的天花板，然后下落到地板，再一次返回到炉子附近，接下来又飞向了天花板。

这便是在冬天的时候，虽然已把窗户封堵得很严密，完全可以阻挡外面的空气使其无法流进室内，但是我们还是能感到窗户漏风，特别是在地面附近。

怎样用冰块冷却饮料？

如果你想用冰块将格瓦斯冷却，你该怎么做呢？罐子应该如何放置呢？是置于冰块的上面还是下面呢？

许多人不假思索地回答，将罐子置于冰块的上面，就像将熬汤的瓦罐放在火上那样。这个做法是不对的。没错，应该从下往上加热，然而要想冷却，必须反过来——从上往下。

大家思考一下，为何从上往下比从下往上冷却的效果更好呢？大家都清楚，与温度高的物体密度相比，温度低的物体密度要大一些，因此和常温的饮料相比，经过冰冻的饮料更稠密。当你将装着格瓦斯的罐子放在冰块下面的时候，位于上层的格瓦斯由于靠近冰块，随着冷却其密度会逐渐增大，之后便会流向下层，这时其他常温的那部分格瓦斯就会迅速占据上层的地方，这部分格瓦斯又被冷却随之流到下层。这样罐子里面全部的格瓦斯都能在短时间内靠近冰块，并被逐一冷却。反之，假如你是将饮料放在冰块的上面，那么位于下层的格瓦斯会首先被冷却。这部分被冷却的格瓦斯就会留在底部，不会给还未冷却的那部分格瓦斯让位置。液体在此种情况下无法发生任何流动，于是就导致减慢了冷却的速度。

除了饮料，肉、蔬菜、鱼类等在冷却时同样需要放在冰块的下面，而不能放在上面。因为那样的话，准确地说它们是被冷空气冷却的，而不是被冰块冷却，原因是冷空气向下流动，而并非向上流动。假如你想要使一个很大的屋子降低温度，那么不要把冰块放在低处，正确的做法是把它放在书架上或放在天花板等高处。

水蒸气的颜色

大家在生活中见过水蒸气吗？如果见过，你知道它的颜色是什么样的吗？

水蒸气在严格意义上讲是不存在颜色的，完全透明。它就如空气那样，根本看不到。其实，人们所谓的"蒸汽"是由极其微小的水滴聚集后产生的结果，也就是说，它实际上是雾化的水，而并非水蒸气。

水壶为什么会"唱歌"？

什么原因使得水壶会在水沸腾之前发出唱歌的声音呢？下面给大家解释：离壶底最近的水受热后会转化成水蒸气，进而在水里产生小气泡。因为气泡特别轻，所以气泡四周的水会将它们挤到上面去，这样一来气泡便会与温度低于100℃的水相遇，于是气泡里的蒸汽受冷后收缩，气泡薄膜由于被四周的水挤压而破裂。因此，在水被煮沸之前，会产生越来越多的气泡，并涌上来。然而它们在中途就会爆破，根本到达不了水面。气泡爆破时会发出轻微的噼啪声。这就是我们在水沸腾之前会听到噼啪的爆破声和吵闹声的原因所在。

随着茶壶里的水的沸腾，即水温达到沸点，便不再产生气泡了，之前的"歌声"也就因此而停止了。但是，茶壶中的水一旦开始冷却，就很有可能再次发出噼啪声，"歌声"也就又回来了。

因此，茶壶"唱歌"的情况仅仅发生在水沸腾之前或冷却的时候。这种唱歌声绝不会发生在水沸腾的时候。

神秘风轮

首先，拿一张薄卷烟纸剪出一个正方形来。分别沿着正方形的两条对角线对折后再展开，这样便找到了正方形的重心（图56左）。然后将这张正方形的纸置于竖直的细针上面，并且要让针头恰恰位于纸的重心位置。

由于纸的重心位置受到向上的支持力，所以它可以保持平衡。然而，一丝微风就足以让针头转动起来。

虽然这个装置此时还不存在神秘的地方。但是，你若是像图56右图所示的那样，把手移到靠近它的地方（靠近的时候一定注意动作缓慢，避免气流碰到纸），此时，一个奇妙的现象会出现在你的眼前：纸开始慢慢地旋转，之后转速越来越快。当你拿开手时，纸就会停止旋转；再次把手靠近，它就又一次旋转起来。

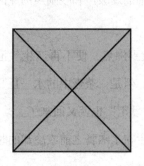 

图 56

在19世纪70年代，人们以为这种神秘的旋转是源于人体的某种超自然能力，这个观点曾经轰动一时。神秘主义者认为在这个实验中人体可以释放出一种非常神秘的力量，并以此作为支持自己观点的证据。实际上，并不存在任何神秘力量，原因并不难知道：手的温度使下方的空气遇热变轻进而向上流动，这个力作用到卷烟纸上促使它旋转起来。这就如同我们以前做过的灯上面挂有"纸蛇"的那个实验，卷纸之所以能够转动，是因为卷纸在对折之后会稍稍向下倾斜。

假如你仔细观察一下，还会发现卷纸的转动方向是不变的，就是从手腕转向手指。原因在于手上各个部位的温度有所差别：手掌总是会比指尖温暖一些，因此越是靠近手掌的部位，就会产生越多向上的气流，进而有更大的作用力施加在卷纸上，然而手指周围的热气流相对较少，施加在卷纸上的作用力也会相对较小。

毛皮大衣能保暖吗？

假如有人跟你说，毛皮大衣的保暖效果一点也不好，你会有什么反应呢？假如有人通过一系列的实验向你证实了这一点是对的，你又会怎样想呢？

下面我们先来做这样一个实验。

将一支温度计的读数记下来，再将温度计放进毛皮大衣里包裹起来。等过几个小时之后将它取出来。出乎你意料的是，温度计的读数丝毫没有上升，和原来的读数完全一样。这就证实了毛皮大衣不能保暖的结论。或许你现在还是持怀疑态度，但是你知道吗？毛皮大衣不仅不能保暖，甚至还会变凉。现在，从外面找来两个冰袋，将一个放在大衣里，另一个置于通风的屋子里。然后我们等到屋子里的冰袋彻底融化时，取出裹在大衣里的冰袋，这时你会看到冰甚至丝毫不见有开始融化的迹象。这就说明大衣不但不能让冰块温度升高，甚至还会降低冰块的温度，原因是它融化的速度变慢了！

大家有办法来反驳并推翻种种论据吗？

答案是否定的，谁都没有办法。假如保暖的意义是传递热量，那么毛皮大衣确实不能起到保暖作用。台灯、炉子，还有人体，都能够传递热量，并且都能够散发热量。然而毛皮大衣却不能传递半点热量。之所以能够散发热量的恒温动物将毛皮大衣穿在身上时会比不穿温暖一些，是因为虽然它不能散发热量，但是却能对我们身体热量的散发起到阻碍作用。那为什么裹在毛皮大衣里的温度计的温度没有发生变化呢？那是因为温度计自身不能散发热量。另外，由于毛皮大衣的导热性非常差，于是室内空气向里传递热量时受到了大衣的阻碍，因此放在毛皮大衣里的冰袋保持自身低温的时间会更长久。

从这个角度讲，积雪就好比是那件毛皮大衣，对大地能够起到保暖的效果。雪和其他一切粉粒状的物体一样，其导热性比较差，当它覆盖于地面之后，就会对土壤的热量丧失起到减缓作用。如果将两支温度计分别插入裸露的土壤中和被积雪覆盖的土壤中，对比两者的温度你会发现，后者的度数通常会比前者大约高出10℃。

积雪的这种保暖功效对农民而言都非常熟悉。

因此，针对毛皮大衣有没有保暖作用这个问题的回答是：毛皮大衣的作用仅是帮助我们使自己变得温暖。更准确地说应该是人体向大衣传递热量，而并非大衣向人体传递热量。

冬天怎样给房间通风？

冬天如何给房间通风呢？其实最好的方法就是在壁炉烧火的时候将通风窗给打开。室内较轻的暖空气会被室外新鲜、较重的冷空气挤到壁炉里面，这样，室内不新鲜的空气就会从烟囱排到户外去。

千万别认为，即使关上了通风窗也会发生一样的事，原因是那样的话室外的空气就会以墙壁的缝隙为通道流入房间里。没错，冷空气的确会流入房间，然而根本达不到维持壁炉燃烧的量。因此，通过地板或房间的缝隙渗入室内的不仅仅是街道上的空气，还有其他既不新鲜也不干净的空气。

通风窗应该安在哪里？

我们应该把通风窗安在什么位置呢？是选择窗户的上方还是窗户的下方呢？实际生活中有一部分住宅的通风窗被安在窗户的下

方。不难想到，这样的原因是便于开关窗户，不用每次都要借助凳子了。然而通风窗的作用是为房间通风，如果安在窗户下方就不容易起到这个作用。通风窗能够替换室内外的空气到底是什么原理呢？原因在于室外的空气和室内空气相比更冷、更重，导致较轻的室内空气就会被较重的室外空气挤出去。然而，冷空气仅仅能够将室内低于通风口的那些空间占据。这样位于通风口之上的室内空气就没有机会参与替换，也就是说，这部分空气无法被通风。所以，通风窗口应该安在哪儿？

玻璃灯罩有什么作用？

其实，玻璃灯罩是经过很长的时间才变成如今的模样，而知道这一点的人并不多。古代人们的照明是直接利用火焰，而并没有想到用玻璃罩。直到著名的画家兼科学家达·芬奇将其完善。然而，当初达·芬奇用于罩在火焰外面的是金属管，而并不是玻璃管。又过了3个世纪，人们才终于想到用透明的玻璃罩代替之前的金属管。正如你所见，玻璃灯罩这项发明是几十代人共同的智慧结晶。

那它的作用究竟是什么呢？

这个问题虽然看去很简单，但是恐怕并不是所有人都知道。

有人回答：挡风。这只是它的次要作用。

加快燃烧速度、增强火焰的亮度才是它的主要作用。玻璃灯罩的功能就好比那煤炉或工厂使用的烟囱，它可以使通向火焰的气流变得更快，将"抽力"增强。

我们来仔细弄明白这个特点。与玻璃灯罩外的空气相比，玻璃灯罩内的空气柱被火焰加热的速度要快得多。当空气受热变轻后，更重的冷空气就会从玻璃灯罩下方的小孔进入玻璃灯罩里，于是热空气就被挤到上部。玻璃灯罩越高，冷、热空气的重量就会相差更大，新鲜空气的流动速度就越快。最后的结果就是，空气的燃烧速度变得越来越快。这个道理和工厂里的烟囱所用的原理相同，这也就是为什么工厂的烟囱高得惊人的原因。

令人感到有意思的是，达·芬奇对此也是相当了解。

他在自己的笔记里这样写道："火焰在那里燃起，其周围就会形成气流；气流的存在不但维持了火焰的燃烧，而且加快了火焰的燃烧。"

火焰不能自动熄灭的原因是什么？

倘若我们细细思考一下火焰的燃烧过程，就会不由自主地产生下面的疑惑：火焰不能自己熄灭的原因是什么？众所周知，燃烧会产生二氧化碳和水蒸气，而这两种物质不但不易燃烧，而且也不能维持燃烧。最后的结果就是，一旦火焰燃烧起来，那些不易燃的物质就将火焰包围起来，而且影响着空气的流动。如果没有空气的存在，燃烧就不会发生，火焰最终只能熄灭。

发生这样的事情的原因是什么？为什么燃烧的前提条件是要有可燃物存在呢？原因就在于气体一旦受热就会体积增大，重量变轻。最后的结果就是，因为燃烧而产生的气体会逐渐被干净的空气挤走，不会停留于原地——火焰的周围。倘若阿基米德定理用于解释气体（或者倘若重力不存在），那么无论是何种火焰，只能在燃烧一段时间后自动熄灭。

由此就可以轻松证明：燃烧产生的物质对火焰会产生副作用。或许你并没有意识这一特点完全可以让我们加以利用。实际上，我们就是利用这一点来吹熄火苗的。那么我们该如何吹灭火苗呢？那就是由上向下吹。换句话说，就是吹动那些燃烧时产生的不易燃气体向下，将它们吹向火苗，于是火苗就会因为得不到新鲜空气而熄灭。

水能浇灭火焰的秘密

其实，这个问题实在是再简单不过了，但是差不多所有的人都不能正确地回答。

我确信，倘若仅仅是相当简要地对水对火焰的影响加以解释，读者必定不会对我的行为予以抱怨。

首先，当水接近燃烧的物体后，水蒸气就形成了。伴随着这一过程的是大量热量从燃烧的物体处被带走。一般来说，倘若想将沸腾的开水变成水蒸气，那么就需要将同等体积的冰水加热到比100℃多4倍的热量。

其次，在此过程中，水在转变成水蒸气后，其体积就会增加几百倍。在燃烧的物体周围，水蒸气不但围绕于此，而且还会将空气挤走。当然，因为空气不存在了，火焰自然无法燃烧。

为了让水达到更好的灭火目的，有时人们会在水里添加一种物质。哪种物质呢？它就是火药！听起来会让人感到奇怪，但这种做法相当合理。原因就在于火药会迅速燃烧，从而将大量的不易燃气体产生出来，这些气体围绕在燃烧的物体四周，于是就达到了阻止燃烧的目的。

加热的两种方法——用冰和用开水

可以用一块冰给另一块冰加热吗？可以用一块冰给另一块冰制冷吗？可以用一杯开水为另一杯开水加热吗？倘若冰的温度相当低，比如是-20℃，那么，让它去接触另一块温度较高的冰，比如-5℃的冰，那么这块冰就会被加热，即温度会变得高些，而另一块冰则会变得冷一些，即温度变得低一些。

因此，不管是用冰块给冰块加热还是降温都是可以做到的。

不过，在气压相同的条件下，用开水给开水加热的做法就是不可行的了。原因就在于，在一定的气压下，沸点是不变的。

能用开水将水烧开吗？

准备一个不大的瓶子，比如小玻璃瓶，往瓶子里灌上水，然后将它放进正在烧水的锅里，这时要特别注意，不能让小玻璃瓶与锅底接触。当然，你有必要用绳子套住小玻璃瓶。你想等到锅里的水开始沸腾，并且小玻璃瓶内的水也开始沸腾。然而，不管你等多长时间，你都无法等到你想要看到的状况。虽然瓶里的水会随着锅里水温的升高而变烫，甚至是非常烫，但它永远不会沸腾。因为锅里开水的温度根本无法烧开瓶里的水。

这个结果让人意想不到，但是如果仔细思考一下，你就能预料到会是这个结果。要想使水达到沸点，只将它加热到100℃是不够的，还必须给予它充足的热能储备。纯净水的沸点是100℃，在通常气压下，无论你怎么给它加热，都不能使水温超过沸点。那么，锅里的水温是100℃，用它来加热瓶里的水，只能将水加热到100℃。然而，这时，锅里的水就无法再向瓶里的水提供热量了。因此，使用此方法来加热瓶里的水，根本不能向水提供转化成水蒸气的热能储备（如果使1克100℃的水转化成水蒸气，还需要提供500卡路里❶热量）的。所以，虽然小玻璃瓶中的水会被加热，但是它始终不会沸腾。

或许还会有人问：瓶里的水和锅里的水相比有差别吗？两处的水仅仅被玻璃分隔开罢了，可为什么锅里的水沸腾，而瓶里的水不

❶ 卡路里：一种热量单位。1卡路里等于使1克水温度上升1℃所用的热量。

会呢？

原因是瓶里的水由于受到玻璃的阻挡，无法参与锅里的整个水流运动。瓶里的水仅仅能够接触到沸水，然而锅里的每一滴水都有直接碰到锅底的机会。

因此，无法用纯净的沸水将水烧开。然而，假如往锅里加点盐，就会出现不同的情况。因为盐水的沸点要比100℃略高一点，所以瓶里的水就能够沸腾起来了。

能用雪将水烧开吗？

有些读者会问："既然开水不能将水烧开，那用雪可以吗？"对于这个问题我们先不要着急说出答案，最好先用之前的小玻璃瓶做一个实验。

将半杯水倒入小玻璃瓶中，再将瓶子放在沸腾的盐水里。等到瓶子中的水开始沸腾，就从锅里将它捞出来，再用事先准备好的瓶塞迅速地把瓶口塞紧。现在将瓶子倒置，等到瓶中的水不再沸腾的时候，再往瓶子上浇开水，这样瓶子里的水也不会重新沸腾。然而，假如把少许的雪放在瓶子的底部，或仅仅往瓶子上浇冷水，如图57所示的那样，这时你会发现，瓶里的水再次开始沸腾了……

雪居然能办到沸水办不到的事情！

还有一点更奇妙，当你用手去摸瓶子时，只感觉有点温，而并不是非常烫。但是瓶子里的水在沸腾是事实，是你亲眼所见的。

原因在于，雪降低了玻璃瓶的温度，导致瓶子里的水蒸气凝结成了水滴。在水第一次沸腾时，瓶内的空气排到了瓶子外面，此时瓶内的水受到的气压就会减弱。大家都知道，液体的沸点会随着气压的减弱而降低。现在瓶内的水看上去虽然是沸腾的，但其实里面的水并不热。

图 57

假如玻璃瓶的瓶壁特别薄，那么突然凝结的水蒸气有可能导致与爆炸类似的后果。因为假如瓶内的气压不够强大，无法与瓶外的气压抵抗，那外界气压就有可能将瓶子压碎（或许你早就发现，这里用"爆炸"这个词不太恰当）。因此，做实验时最好选用圆形的玻璃瓶，例如底部突出的烧

图 58

瓶，这样外面的气压就会作用在瓶子的拱形上了。

如果用装煤油或润滑油之类的白铁罐做这个实验，效果更明显。将少许的水装进铁罐，待水沸腾之后，拿瓶塞塞紧罐口，然后往上面浇冷水。这时外界气压会立刻把充满蒸气的白铁罐压成扁平

状，如同被沉重的铁锤敲打过一样，原因是罐内的水蒸气遇冷后化为了水滴（图58）。

手里的热鸡蛋

当我们把鸡蛋从沸水中拿出来时，为什么手不会被烫伤呢？虽然鸡蛋从沸水中刚拿出来的时候又湿又烫，但是沾在鸡蛋表面的水由于蒸发吸热降低了蛋壳的温度，因此没有烫手的感觉。但是只有在最开始的时候会是这样，等到鸡蛋变干，你的手就会感觉鸡蛋很烫了。

熨斗除油渍

很多人都知道熨斗可以把纺织物上的油渍去除，但这是为什么呢？

加温能够将衣物油渍去除的原理是：液体的表面张力与温度成反比，温度越高，张力越小。因此，假如各个部位的油渍温度不一样，那么高温处的油渍就会转移到低温的地方。假如我们将一块烧热的铁块放在布条的一边，再将棉布放在布条的另一边，布条上的油渍就会转移到棉布上（记载于麦克斯韦《热理论》一书中）。因此，我们应该把吸收油渍的物体放在熨斗的反方向。

站得高，看得远

当我们站在平坦的地面上时，只能将远处有限的范围收进眼底。人们把这个视野范围称作"地平线"。然而我们根本看不到地平线远方的树木、建筑和其他高物的全貌，我们所看到的仅仅是它们的顶部，而下面的部分则被凸起的地面遮挡住了。大家要清楚一点，表面看起来平坦的陆地和平静的海面是完全水平的，其实无法避免地存在凸起的地方，于是形成了崎岖不平的地表。

但是对于一个中等身高的人来说，如果让他站在平坦的地面上，他到底能看多远呢？

事实上他能看见的范围仅仅是方圆5千米之内。只有站得更高，才可以看得更远。对于站在平原上的骑手来说，他的视线范围是方圆6千米之内。对于站在水平面以上20米的桅杆上的水手来说，他的视线范围是方圆16千米之内的海面。如果水手是站在水平面以上60米的灯塔顶端，那么他的视线范围差不多可以广达方圆30千米的海面。

毫无疑问，飞行员看得最远。假如将云雾的干扰忽视掉，那么，处于1千米高空上的飞行员，他的视线范围大约能达到方圆120千米。若是高度上升到2千米，飞行员凭借高倍望远镜，可以将方圆160千米的地方尽收眼底。如果高度上升到10千米，飞行员的视野范围大概是方圆380千米。

航空员乘坐平流层气球上升到22千米的高空，这时，他能看到方圆560千米以内的地方。

蝈蝈在哪里叫?

把一个同学的眼睛蒙上，然后让他坐在房间中央，不发出一点声音，也不能转头。接下来，你手持两枚硬币分别站在房间的不同位置，拿一枚硬币去敲击另一枚硬币。需要注意的是，你每次站的位置要与你同学的距离相同。让他猜猜你在什么位置敲击硬币。但是他根本就猜不到：你明明在房间的这边敲击，他却感觉你是在房间里方向完全相反的另一边。

假如你一直站在同一个地方，那你的同学就不会每次都猜错了：这时，你同学距离你比较近的那一只耳朵听到的声音会比另一只耳朵更强，如此一来，他就能轻易地将声音的来源辨别出来了。

通过这个实验，还能解释一件事：我们为何总是判断不出草丛里的蝈蝈在何处鸣叫。你明明听着这刺耳的声音由你左边距离两三步的位置传来，但是你走近一看，根本找不到它，再一听叫声又转到右边去了。你刚想往右边去找，又感觉声音跑到了另一个位置。

蝈蝈如此敏捷的动作使你既惊讶又不解，你越是迅速地转换寻找蝈蝈的方向，那让人琢磨不定的声音就会越迅速地改变位置。其实，昆虫一直都在同一个地方待着，位置的变动是由听觉产生的幻觉罢了。你的错误之处在于，在你转头的那一刻，是你的头方向改变了，但是你却错误地感觉蝈蝈跳到了其他的方向。经过以上实验，你已经清楚地知道，在这种情况下很容易判断失误：蝈蝈明明是在你的后面发出叫声，然而你却以为它在你的前面。

　　这表明，你要想找到蝈蝈鸣叫、杜鹃的歌唱和其他远处传来的声音的正确位置，就不应该用眼睛去寻找声音，要将眼睛转到一边，使你的耳朵对着声音来源。实际上，我们所谓的"侧耳倾听"就是运用的这个道理。

　　当我们发出的声音在传播过程中撞到了墙壁或其他障碍物上时，声音会返回来再一次传到我们的耳朵，这就是回声。如果想把回声听清楚，那么我们就要把声音的发出与返回之间的时间间隔控制得长一些。不然，反射回来的声音就会和最初发出的声音融合在一起。在一间大而空旷的房子里，你就会听到回声。

　　想象一下，你现在站在一个很开阔的地方，在你前方33米的位置有一间别墅。你使劲儿拍打手掌。声音传播33米以后会撞在别墅的墙壁上，然后被反射回来。完成这个过程要用多长时间呢？因为声音向前传播了33米，被反射回来又经过了同样的距离，总共是66米，那它往返的时间就是 $66 \div 330 = \frac{1}{5}$ 秒。假如起初发出的声音足够短，可以在 $\frac{1}{5}$ 秒之内完成往返过程，这样前后两个声音就不会重合在一起，你会先后听到两个声音。对于一个单音节的词，比如"是""不"，我们要完成发音大概需要用 $\frac{1}{5}$ 秒的时间。因此，假如我们所站的位置距离障碍物有33米，那我们完全可以听到单音节词的回声。倘若是双音节词，声音在这个距离传播，前后两个声音就会相融合，第一个声音就被回声加强了，然而这样会使原本的声音变得浑浊，并且我们根本不能听到前后两个声音。

如果你想将双音节词的回声听清楚，例如"呜拉""哎呀"，你的位置需要与障碍物距离多远呢？要完成双音节词的发音大概需要 $\frac{2}{5}$ 秒的时间。声音需要在这个时间之内到达障碍物后并返回，往返路程就是人和障碍物之间距离的两倍。然而，声音在 $\frac{2}{5}$ 秒内所经过的距离是 $330 \times \frac{2}{5} = 132$ 米。

所以，单程距离就是66米，这就是能够听到回声时人和障碍物的最短距离。

相信你现在已经可以把要听到三音节单词的回声时人与障碍物的最短距离计算出来了，对，就是100米。

音乐瓶

假如你对音乐很敏感，那么你可以用普通的玻璃瓶很轻松地制作出一个类似摇滚乐乐器的简单乐器，并且，你完全可以用它演奏一些简单的旋律。

下面我们按照图59所示的方法去做。在椅子上架上两根水平的长杆，再将16个装着水的玻璃瓶挂在长杆上。水量的要求是：第一个瓶子几乎要装满，接下来的瓶子里的水要逐渐减少，最后一个瓶子装的水要特别少且最少。

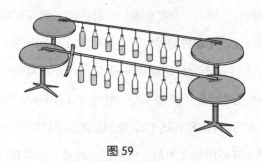

图 59

然后你拿一根干燥的木棒去敲打那些瓶子，你会发现，瓶子能够发出很多不同音阶的音调。而且装水越少的瓶子，发出的音调就越高。因此，你想要什么音调，就可以通过增加或减少水量来得到。

当你调出两个八度以后，就可以用这个自制的玻璃瓶乐器弹奏一些简单的曲子了。

贝壳里的吵闹声

当你将耳朵贴在茶壶或大贝壳上的时候，能够听到吵闹声。原因在于茶壶和贝壳就好像是一个共鸣器，它可以把我们身边那些由于过于微弱而不引人注意的各种各样的吵闹声放大。各种声音经过混合就变得如同大海的波涛声，于是，随着贝壳里的声响被人们发现，很多的传说故事也逐渐产生了。

透视手掌

将一张卷成筒状的纸横放在左手掌上，然后让左眼通过纸筒向远处望去。与此同时，把右手正对着你的右眼，注意右手应该与纸筒几乎贴近。两只手距离眼睛大约要15～20厘米。这时，你会感觉到右眼能够透过手掌将远方的景物看得很清楚，就如图60所示的那样：手掌上似乎有一个圆洞。

这究竟是什么原因呢？这个让人匪夷所思的现象的原因是：为了能够将远处的物体看清，左眼里面的晶状体会自行进行相关的调节。然而两只眼睛的构造与工作能够相互协调，所以，左眼睛有什么变化，右眼睛也会同样变化。

在这个实验过程中，右眼也随着左眼一起调整成了远视状态，因此，反倒看不清近在眼前的手掌了。简言之，左眼可以将远处的物体看清楚，但是右眼不能看清手掌。这就让你产生了一个错觉：你透过自己的手掌能够将远处的物体看清楚。

图60

望远镜

假设你现在站在海边，正在用望远镜观察一艘向岸边驶来的轮船。已知这个望远镜能将物体放大3倍，那么它能把船的速度放大多少倍呢？

为了给大家详细解释这个问题，假设轮船与你的距离有600米，它向你驶来的速度是5米/秒。当你用放大3倍的望远镜进行观察时，原来600米的距离好像缩短成了200米。1分钟的时间，它就向你靠近了5×60=300米，而且此时轮船距离你同样是300米；再用望远镜观察轮船，它似乎就在距离你100米的位置。这就表明，你在望远镜里看到的轮船1分钟行驶了200-100=100米，但其实它真正行驶的距离是300米。如此一来，大家就明白了，放大镜并没有将轮船的行驶速度放大3倍，而是把速度缩小了3倍。

实际上，你们自己也可以证明这个结论，需要用另一组数据：不一样的初始距离，不一样的行驶速度，不一样的间隔时间，通过计算你也会得出同一结论。

在前面还是在后面？

并非所有人都很了解生活常识。之前跟大家说过，有一部分人利用冰块进行冷却的方法就不对——需要冷却的饮料本应该放在冰块的下面，而他们却放在冰块的上面。实际上，即便是最常用的镜子，也并非所有人都会正确使用。在生活中，有人为了把镜子中的自己看得更清楚，于是在自己后面放一盏灯，要知道，这样做根本无法把自己照亮，而是把"自己的影子"照亮了。

99%的女人会那样做。毋庸置疑，那百里挑一的知道将灯摆在自己前面的人，也是我们的女性读者。

在镜子前画画

我们现在来做一个实验，大家会清楚地认识到这一点：镜子中呈现的景象并非完全和实物一致。

先将一面镜子垂直地竖在你前面的桌子上，再把一张纸摆放在镜子前，然后在纸上尝试着画一个图案，假设你画的是标出对角线的矩形。然而，你不能直接看着自己的手去画，而是应该通过观察镜子里手的动作来画出这个图案。

这时，你发现，原本看上去非常简单的一件事现在却无法完成。多年以来，一个人的视觉印象与运动感觉互相达成了一定的默契。然而这种默契却被镜子破坏掉了，致使在眼睛看来手的运动已经变形了。早已形成的习惯总是与你的每一次运动进行抵抗，例如，你本想把线条往左边画，但手却反过来往右运动，等等。

假如你要画的不是线条，而是画一些比较复杂的图案，或看着镜子里的空白条格写字，写完后发现那简直就是天书，真是太不可思议了。

同样，在镜子里看吸墨纸上面的字也是对称的。把签过名的吸墨纸放在镜子前，然后你对着镜子试着把上面的签名读出来。这时你会变得哑口无言，每个字都无法辨认，哪怕上面的字写得非常清楚也一样：原因是与平时的状态不同，字母是倾斜向左边，还有一点更重要，那就是字母的排列与你早已熟悉的样子不一样了。但是，再将一面镜子垂直放在纸上，并且让这面镜子正对着原来的那面镜子，这时你便发现字母的倾斜方向和排列顺序都恢复正常了。因为正常文字对称反向后的影子又被镜子对称回来了。

黑色的丝绒与白色的雪

太阳光下的黑色丝绒与月夜下的白色雪花相比，哪一个更亮呢？

与黑色的丝绒相比，好像没有什么东西能比它更黑；与白色的雪花相比，也没有什么东西能比它更白。然而，假如我们拿一个平常的物理器材——光度计——来察看这一对经典的黑白明暗样品对比，情况便会变得完全不同了。到那时，月色下最白的雪花也比不上太阳光下最黑的天鹅绒亮。

因为无论物体表层颜色有多黑，它均没办法把照射在它上面的光线全部吸收。哪怕烟炭与炭笔——我们已经知晓的最黑的色彩——同样能让1%～2%的光线消失。我们假定黑丝绒能分散1%的光线，雪则能分散100%的光线（这肯定有所夸大）[1]。我们都知道，太阳的亮度是月亮的400000倍。因此，雪花所分散的100%月光要比黑丝绒所分散的1%太阳光稀疏几千倍。换言之，月光下的雪花要比太阳光下的黑色丝绒暗几千倍。

以上的结果肯定不仅适用于雪花，它适合于全部的白色物体（其中锌钡白能分散照射其中91%的光线，它才是最亮的）。因为每个物体表层（除白炽的以外）分散的光线均没有可能超过照射在它上面的光线，而太阳光要比月光强400000倍，因此不会存在这样一种白色——它处于月光下会比太阳光下最黑的颜色更亮。

雪为什么是白色的？

雪明明是由透明的冰晶组成，而它为什么是白色的呢？

在台阶处敲打冰块，用脚将其搓碎——你能获得白色粉末。这是由于光线照射于透明冰块的粉末上之后，没办法穿透粉末，却是落在冰末和空气上反射（全部是内部反射）出去的缘故。因为冰块

---

[1] 刚刚下的雪仅能反射80%的光线。

表层把光线向四面八方分散开来，因此眼睛看上去便是白色的了。

这证明，雪的白色是由于雪花是粉末形成的。假如雪花之间的缝隙让水充满，那雪便是透明的，而不会是白色的。这种实验很容易做，假如你把雪花撒入罐子中，再把水倒入其中，雪花便会由白色变为透明的了。

闪闪发亮的靴子

被刷过的靴子为何会闪闪发亮？

黑色鞋油跟刷子里面好像均没有什么东西可以制造出闪闪发光的效果，因此，被刷过后闪闪发光的靴子在好多人看来就如同一个谜。

为了揭开谜底，首先要弄明白，抛光发亮的表面跟毛表面有什么分别。很多人都觉得，抛光的表层为光滑的，毛表面却是粗糙非光滑的。这是不正确的：抛光表层与毛表层均可能是光滑的。根本不存在绝对光滑的表面。假如拿显微镜来察看抛光后的表面，我们便会看见一幅好似用显微镜查看刮胡刀刀刃时的场景；对缩小了1000万倍的人而言，抛光后的光滑表面看上去就如同一座座小山丘。所有表面——无论是毛表面还是抛光后的表面——均有凸起、低陷、划痕。全部的问题都与升沉的程度有关。假如它们比照射在它上面的光线的波长短，那么光线便会正常地反射过来，换言之，光线的反射角会与入射角相等。此类的表面便会如同镜子一般闪闪发亮，我们将其称为抛光表面。

假如升沉的程度比光线的波长要长，这样光线便不能正常地反射，被分散后的光线便不能产生镜子那样的效果，表面也不能发光，我们称它是毛表面。

由此便可推论，在同一个表面被某些光线照射时也许是抛光的，但是被其他一些光线照射时也许又是毛的了。光的平均波长是半微米（0.0005毫米），升沉比这个数值小的表面便是抛光的，相对于波长较长的红外线而言，那类的表面肯定也是抛光的；然而，让波长特别小的紫外线照射，它便是毛的了。

再来看我们的问题：被刷过的靴子为何会发亮？在没刷鞋油之前，皮制表层就存在很多上下升沉的地方，升沉的程度远远超过可见光的波长，它便是毛的。在刷上胶质鞋油之后，不光滑的皮制表面便会盖上一层薄膜，它可以减慢升沉的程度，还能将一些竖着的绒毛压整齐。利用刷子就可以把凸起部分的鞋油填充进低陷的地方，如此，靴子表面的升沉程度就可能比可见光的波长要小，鞋面便由毛的变为光的了。

透过彩色玻璃看世界

穿透绿色玻璃观看红色的花，花能呈什么颜色呢？如果是看蓝色的花呢？

仅有绿光方可以穿透绿色的玻璃，其余的光线均会被阻截，然而红色的花仅能反射红色的光，基本上无法反射其余颜色的光线。穿透绿玻璃观看红花，我们将无法接收到光线，原因是红花反射的仅有光线被玻璃阻拦了。因此，红色的花于绿玻璃后面看上去便为黑色的。

穿透绿玻璃观看蓝色的花也都一样，花变成了黑色的。

对大自然有着敏捷洞察力的物理学家、画家米·尤·比阿特洛夫斯基教授在自己的著作《夏季旅行中的物理学》中，发表了很多有关方面的趣味观点。

穿透红色的玻璃察看花朵，我们不难发觉，纯红色的花，例如天竺葵，透亮得如同纯白色的一般；绿叶看上去则是黑色的，且含带金属的光泽；颜色为蓝色的花则黑到在树叶的黑色背景下面基本上无法找到它们；黄色、玫瑰色与淡紫色的花将在不一样的程度上变暗。

使用绿色的玻璃察看，我们便可以看到尤为明亮的绿叶；白花在绿色的衬托下显得尤为耀眼；略微淡一些的是黄色与蓝色的花；红花则全部是暗黑色的了；淡紫色与淡粉色的花会暗淡发灰，因此，野蔷薇淡粉色的花瓣便会较它浓密的叶片看上去还要暗。

最后，穿透蓝色的玻璃观看红色的花朵，花又变为黑色的了；白色的花非常鲜亮；黄色的则是全黑的；天蓝色与蓝色的花如同白色一般耀眼。

由此便很容易明白，和其他颜色的花相比，红色的花可以把绝大部分的红色光线反射到我们眼里；黄色的花可以反射几乎相同数量的红光与绿光，然而反射的蓝光极其少；粉红色与紫色的花可以反射很多红光与蓝光，然而可以反射的绿光却很少；等等。

红色的信号灯

铁路停车站的信号灯为何是红色的？

和其他颜色的光相比，红光的波长相对较长些，它便很难让空气中的浮尘颗粒分散。红光透过的距离比另外所有颜色的光都要长。因此，停车信号灯可视距离的长短是极其重要的：若想顺利地把列车停下来，驾驶员一定要在距离停靠点很远的位置便开始刹车。

凭借波长，长的光线在可视度高的大气中透过距离长这一原理，人们制造了红外天文滤光镜来拍摄星球表层（特别是火星）。在用仅能透过红外光线的滤光镜拍摄出来的相片上，用普通照相机都不能察看到的细节却一清二楚。利用此种滤光镜能够把星球表面呈现得清清楚楚，然而普通的照相机仅可以拍摄到大气层的云朵。

与蓝色和绿色比较起来，我们的眼睛对红色更为敏锐，这也是选择红光当作停车信号灯的另一个原因。

名师点评

成为一个优秀物理学家的必修课

这里为你精挑细选的72节课程，是让你成为一个小小物理学家的必修课。

在中国，72可是一个神秘又有趣的数字。

如果你知道少林寺，就一定知道少林寺有72项绝技。学成之后，就可以傲视群雄。

如果你知道孔子，也一定听过说孔子弟子三千，其中有72贤人，每一个都是了不起的人。

如果你看过《西游记》，一定也羡慕孙悟空的72变。如果学会了72变，下雨了就把自己变成一把伞，路上堵车就把自己变成一架飞机，那该有多好！

当然，这些都是幻想啦！

但是我们准备的这72节课程可以让你把幻想变得更真实一些，或许有些幻想还可以变成真的。虽然它不能让你打遍天下无敌手，但一定能让成为你们班首屈一指的物理"大侠"。

再透露一个内部消息，这72节课程都比较短，大多数还和我们的生活息息相关。顺便举个"冰面爬行"的例子。

让我们先假设一个情景。

"冬天的公园里，结冰的水面光溜溜的，远处有几只小兔子在结冰的湖面上追逐嬉闹，天鹅三三两两悠闲地散步，整个公园充满了宁静，仿佛世外桃园一般。突然间，天鹅仿佛受惊似地嘎嘎叫着，扑腾着翅膀四散飞起。原来是冰面破裂了，一个溜冰的小兔子掉入水中。"

请问：如果你去救小兔子，应该跑过去，还是爬过去？

正确答案是：爬过去！

如果你救人心切，迅速地跑过去，很可能会把冰面踩裂，这样连你也会掉到冰水里。

但是为什么爬过去不会让冰面裂开呢？这是因为在压力相同时，受力面积越大，压强越小。当你在冰面上时，对冰面的压力等于你所受到的重力，是不变的。如果在冰面上跑，脚与冰面接触面积小，会对冰面产生较大的压强。如果这个压强超过了冰面能承受的最大压强，冰面就很容易被压裂。而爬行在冰面上，大大增加了与冰面的接触面积，从而大大地减小了对冰面的压强。这个压强小于冰面能承受的最大压强时，冰面也就不会被压裂了。（郑重提醒：如果发现类似情景，请迅速找专业人员或大人施救。）

像这样实用的课程还有很多，比如，如何使用不准确的天平称重、冬天怎么给房间通风，等等。

除此之外，还有许多听起来就让人眼前一亮的课程，比如怎么用竹篮打水才不会一场空、探寻飞上高空的气球的结局、茶壶盖上为什么要留小洞、水壶为什么会唱歌、怎么用雪把水烧开……

如果你喜欢动手，还有手工课教你制作神秘风轮、音乐瓶、平衡杆，等等。

不过，对我来说，最喜欢的还是计算房间内空气的重量——相信我，答案一定会让你瞠目结舌的。

第四章

视觉欺骗

写生画家们最擅长使用这种视觉的诱骗性，一切绘画艺术都是在这一诱骗性的基础之上创建的。假如我们形成了按事物的本来面貌去评论的习惯，那么就不会有这项艺术的立足之地了，在有些情况下我们便会成为盲人。

光 渗

从远地方看，下方的白色图案——圆形与方形——好像比上方黑色的还大，尽管其实它们是同样大小（图61）。错觉越是猛烈，就说明离得越远。这就是光渗现象。

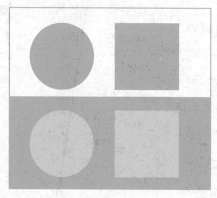

图61

从远一点的地方看，有黑色十字的正方形的四个边仿佛被从中间向内挤压了一样，就如同以下图案呈现的那样（图62）。

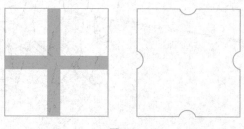

图62

158

光渗产生的原因，是由于浅色物体的每一个点在我们视网膜上的成像均不是一个点，则是一个小的圆圈（这是所谓的球面像差导致的），因此，在视网膜上浅色物体的边上是一条小光带，这便使它的面积放大了。因为浅色背景的边侧侵占部分，使得黑色物体显小了。

马略特的实验

把右眼闭上，在距离20 ~ 25厘米的位置（图63），用左眼去看靠上面的那个十字，你便能发觉，中间大的白色圆斑全部没有了，但它附近的两个小圆斑却看得很清楚。假如不挪动此图，让左眼去看偏下的十字，那么圆斑仅能局部地消失。

图63

出现此种现象的原因是由于刚刚眼睛和图案的相对方位使圆斑的映像正好落在了所谓的盲点之上，也就是视神经所处的方位，这个方位对光的刺激不敏锐。

盲　点

此实验是上一个实验的变式。让左眼观察图63a右面的交叉线，在离图案上方一定距离时，黑色圆斑就全部消失了，然而，你却能看到它两侧的圆圈。

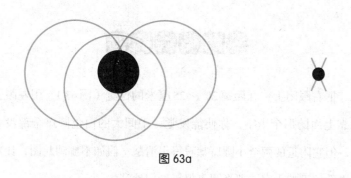

图 63a

哪个字母显得更黑一些？

用一只眼睛来观察这几个字母（图64），是不是全部字母均同样黑？通常，有一个字母比其余字母更黑。然而只需把此图旋转45°或90°，显得更黑的字母就会变为另外一个了。

此种现象是由象散现象导致的，也就是由眼角膜处于不同方位上（水平或垂直）的不同凸度导致的。极少有眼睛能彻底摆脱此种缺陷。

图 64

象散现象

图 65 给出了其他一种（和前一种对比来讲）发觉眼睛象散现象的方式。把此图贴近被测眼睛（另一只眼睛闭上）到某个足够近的距离时，我们便会发现，有两个相对的扇形显得更黑，然而另外两个却呈灰色。

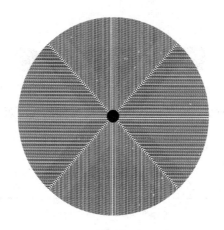

图 65

观察图66，使它左右挪动。你会觉得自己的眼睛在图上移动。

正是因为眼睛在某物消失后的短暂瞬间依然能保留视觉印象的特性，造成了（此种特性也是电影艺术存在的根本）此种错觉。

图 66

把目光专注于图67上边的小正方形上，大概半分钟后你就能发现，下边的那条白带没有了（由于视网膜疲劳）。

图 67

缪勒－莱依尔错觉

如图68所示，ab间的线段好像比bc间的线段短，但其实它们是同样长的。

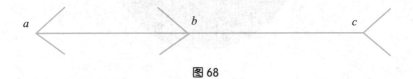

图 68

上面图形的一个变式：图69中直线B好像比和它同样长且垂直的直线A要长。

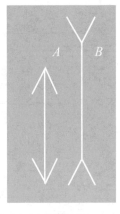

图69

图70中，左边轮船的甲板好像比右边轮船的甲板长，而事实上它们却是用相同长度的直线描绘出来的。

图71中，AB间的距离似乎比BC间的距离小得多，但实际两者相等。

如图72所示，CD间的距离看上去比AB间的距离小很多，然而实际两者相等。

图73中，底面的椭圆形仿佛比顶部里的小椭圆形大，而事实上两者同样大（环境所致）。

图74中，线段AB、CD、EF其实一样长，但看起来却不相等（环境所致）。

图75中，下面被纵向箭头划过的长方形看起来要比上面被横向箭头划过的长方形短，而实际上它们一样长。

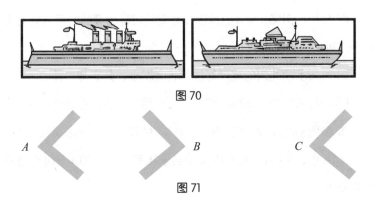

图70

图71

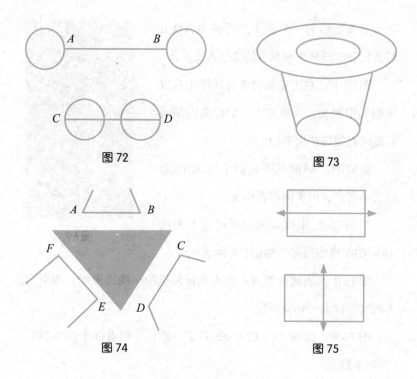

图72

图73

图74

图75

图76中，图案A与B是相同的正方形，然而后者却显得比前者要矮且宽。

图77中，图案A与B的高度和宽度其实是相等的，但是看上去似乎高度明显比宽度大。

图78所示的礼帽的宽度好像比其高度小，其实却一样。

图79所示的线段AB和AC一样长，尽管前者看起来要长一点。

图80所示的线段BA和BC一样长，尽管前者看起来要长一点。

图81中，AB两点间的距离看起来比和它一样的MN两点间的距离要大。

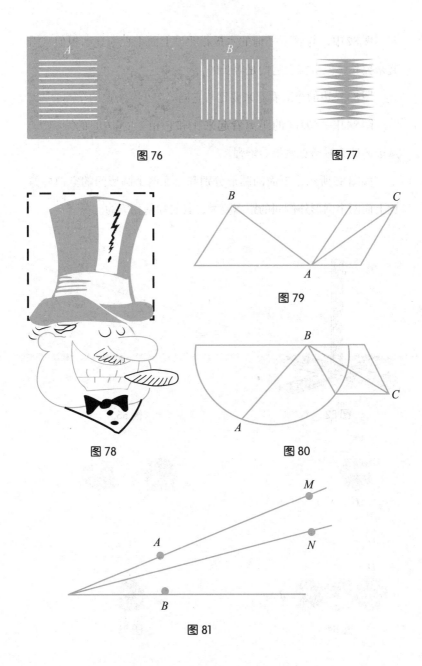

图 76

图 77

图 79

图 78

图 80

图 81

165

图82中，与底下平铺的木板相比，上面垂直的窄木板似乎看起来要长，但事实上它们是等长的。

图83左边的小圈看起来要比与它同等大小的右边的小圈要大。

图84中，CD间的距离看起来比和它相等的AB间的距离大。从远的地方看错觉效果会增强。

如图85所示，下面的圆形分别和上面两个圆形间的空白好像比上面两个圆形外侧间的距离要大，其实却是相等的。

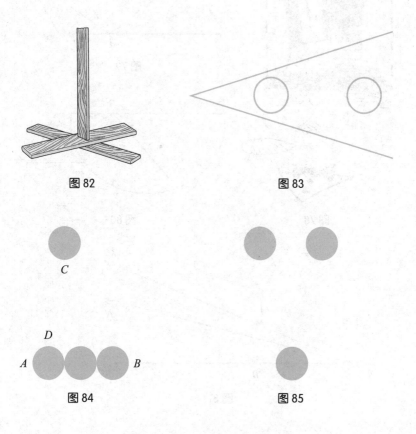

图82

图83

C

D

A B

图84

图85

"烟斗" 错觉

图86中，右边的短横线好像比左边的短横线要长，实际上它们都一样长。

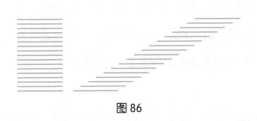

图86

印刷字体错觉

图87所示的每个字母的上下两部分看起来均同样大。然而把此图旋转一下，不难发现，字母的中上部分都会小一些。

图88中，三角形的高都被短横线平均划分为两份，但看起来，好像接近顶角的那一半要短一些。

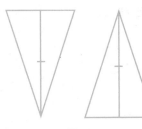

X38S

图87

图88

波根多夫错觉

如图89所示，假如把右面的两条弧线延长，那它们会和左面的两条弧线末尾相连，但看起来，左边弧线延长后会高于右边弧线。

图90中，和黑白条带交叉的斜直线，从远处看好像是弯曲的。

图91中，在ab直线段的延长线上有一点c，但看起来却没有延长线高。

图92所示的两个图形完全相同，尽管下边的图形看起来比上边的要长且窄。

图93所示的这些折线的中间部分看起来是相交的，但实际上它们是平行的。

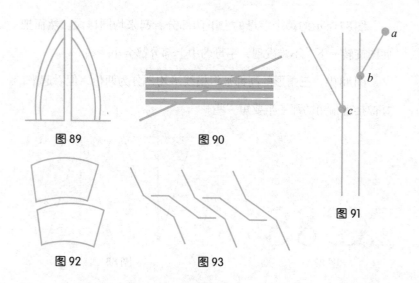

图89

图90

图91

图92

图93

策尔纳错觉

图94所示的长斜线尽管看起来是发散的，但其实都是平行的。

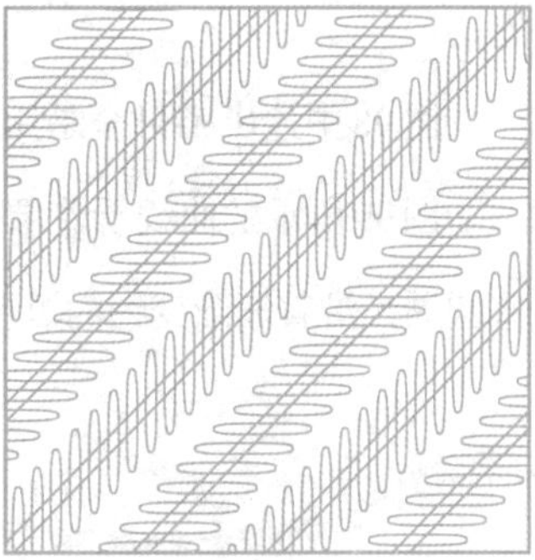

黑林错觉

图95中，中间的两条直线尽管看起来像两条向对方突出的弧线，但实际上是两条平行直线。

错觉在以下情况下会消失：

①在你把图形放到眼睛的高度，让目光循着直线扫视时。

②在你拿铅笔指向图形上的某个点并把目光专注于这一点上时。

图 94

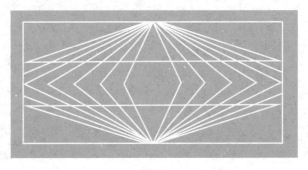

图 95

图96中，上面的弧线好像比下面的弧线曲度更小，然而实际上两条弧线的弧度是一模一样的。

图97中，三角形的三边好像是凹陷的，然而实际上它们是直的。

图98中这串字母全是用直线画上去的。

图99所示的曲线看着像是螺旋状，然而事实上是一些圆周，这些圆周是沿着渐渐变细的黑色条带画出来的，这个也很容易证明。

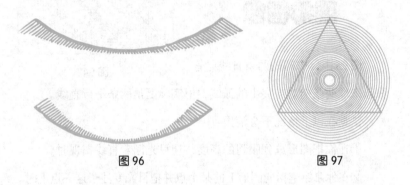

图96　　　　　　　　　　　图97

图98

图100所示的曲线看着是椭圆的，然而实际上是圆形的，用圆规一测就明白了。

图101中的小圆斑（无论是白的还是黑的）从一定距离上看，全会变成六角形。

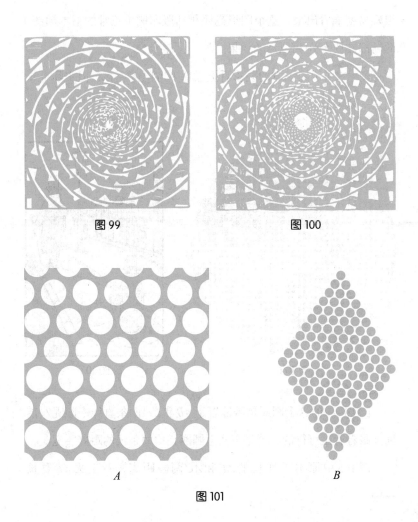

图99

图100

A

B

图101

照相凸版印刷错觉

自远处观察图102的这张网，一个女人的眼睛和鼻子的一部分很轻易就能看出来。这个图形是照相凸版印刷（正常的书本插图）的局部被放大10倍以后的效果。

图103所示的下方的人影看上去比上方的人影小，但实际上它们是一般大的。

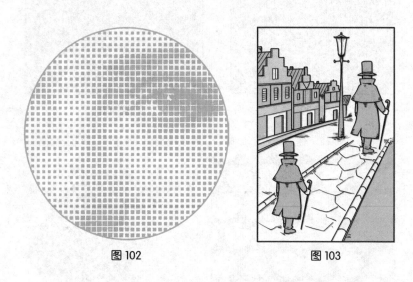

图102　　　　　　　　　　　　图103

图104中的这个圆圈是否能置于AB和CD两条直线中间呢？借助肉眼看着是可行的，可是事实上圆圈相比两条线的距离要宽。

图105中原本一样长的AB和AC两段距离，看上去AB要长一些。

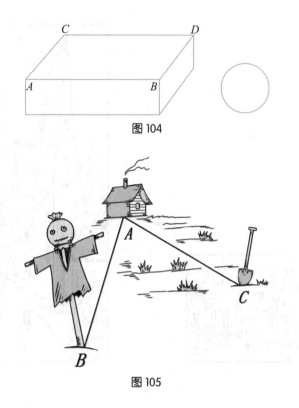

图 104

图 105

把图 106 左侧的图像平举到与眼睛高度一致的位置，眼睛随图水平方向扫视，我们会看到和右边一模一样的图像。

闭上一只眼睛，将另一只眼睛接近图 107 中那些竖线延长线的交点，你能看到许多像是扎在纸上的大头针。左右微微移动该图片时，大头针好像也跟着晃动起来。

长久观察图 108，你可以借助想象力，随心所愿，把它想象成任何情形。一会儿是下面两个立方体突出来，一会儿是上面两个立方体突出来。

图 106

图 107

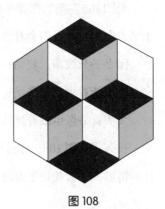

图 108

施勒德阶梯

我们可以把图109看成是三种事物：①是一个楼梯；②是一个阶状凹槽；③是一条纸带，被折成一把扇子然后又被斜向拉开。这些影像能够随着人的意愿相互交替。

图110可以依照自己的意愿被看成三种事物：①可以是一个朝上开口的空箱子的一部分（两个侧面和一个底面）和紧挨着箱子内壁的小木块；②也可以是一个角上长出一个小木块的长方体木块（小木块的前壁是A、B面）；③还可以是一个少了一块的长方体木块（平面A、B就是少的那部分的后壁）。

图111中这些白色线条的交汇处有些发黄的方形小斑点，看起来好像是在不停地闪烁，若隐若现。实际上线条自始至终一直是纯白色的。不过这也不难证明，只需用纸把与白色线条紧挨着的黑方块都遮挡起来就行了。这就是对比效应。

图112是白色的斑点出现在黑色的线条上，它是图111的一种变式。

从远处看图113，会看到有四道如凹槽一般的条纹在上面，在与邻近颜色更深的条纹连接的地方，它们会变得更浅。但是如果把相近的条纹都遮挡起来，排除对比的影响，会发现其实这些条纹全是均匀的。

全神贯注地看着图114中肖像上的随便一个点，一分钟内，眼睛保持一动不动。随后把目光快速移到浅灰色系的天花板上或是空白的纸上——你会看到黑白颠倒的相同的肖像出现在这些背景上。

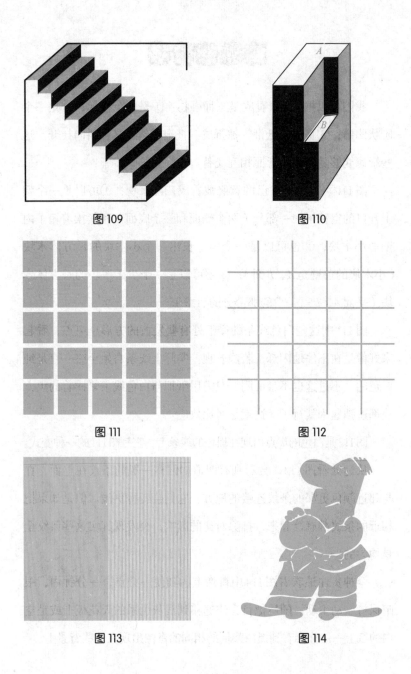

图 109

图 110

图 111

图 112

图 113

图 114

西尔维纳斯·汤普森错觉

假如我们把图115转动起来（旋转书本），这样全部的圆圈跟中间的齿轮都好像跟着一起转动。并且，各自绕着自己的中心，以书本转动的方向和速度旋转。

在图116的右边你会看见一个凹陷的十字形，而左边是一个凸起的十字形。然而如果把书本上下颠倒，这两个图形的凸凹就会对换。事实上两张图是一模一样的，仅仅是摆放的角度不同而已。

图117里的这个人的手指和眼睛看着像是正对着我们的，而且在我们向左或向右移动时一直跟着我们。我们早就发现，有些肖像具有这个有意思的特征，肖像人物的眼睛好像能跟着参观者移动，而且无论参观者在什么位置，肖像都能把脸朝向他们这边。这个特征让有些神经敏感的人感到害怕。很多人把这看成是一种超自然现象，而且还产生了很多传说、迷信和科幻小说。但是，这个有意思的视觉骗局的成因却很简单。

第一，这种错觉在其他画上也有，而不仅仅是表现在肖像画上。假设把一门大炮拍摄成照片或画成炮口对着观众，那么当观众向图像的左边或右边走动时，炮口也会跟着向左边或右边转动。假如画上画着一辆径直奔向观众的马车，那么，你是无论如何都躲避不开它的。

当我们看见画上的炮口对着我们，即使我们走向一边，它依然会在原来的位置上，丝毫不会因为我们位置的移动而产生任何变化。这对于平面图像来说是很正常的，然而，在现实中的大炮，只有在将炮口指向我们时才会有这种效果。我们感觉它变换了位置，正是因为我们在看画时想象的是现实中的事物。这就是这些很有趣的现象的一个共性。

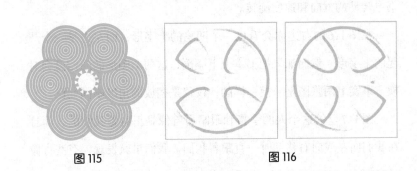

图 115   图 116

图 117

名师点评

借我一双慧眼吧

学完了"72门绝技",是不是还意犹未尽?

好吧!下面再教你一个压箱底的功夫——"关狼入笼"。

话说把一头大象关进冰箱需要三步:第一步,打开冰箱门;第二步,把大象放进去;第三步,关上冰箱门。

凑巧的是,把狼关进笼子里也需要三步:

第一步,用刀把一张硬纸片裁成4cm×6cm(其他尺寸也可以),在纸片的一面画上一只凶恶的狼(贴上狼的照片也行),再在纸片的另一面画出笼子(如下图所示)。

第二步,将一根小木棍的一端从中劈开一段,将硬纸片正中插入,并用胶水粘结实。

第三步,用双手搓动木棍,使硬纸片快速旋转起来(如下图所示)。

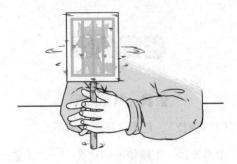

哇！狼竟然在一瞬间被关进笼子了。

当然，经过前面的学习，你一定知道狼并不是真的被关进笼子里了，这其实是一种叫作"视觉暂留"的视觉错误帮你达成了心愿。

人眼能把看到的东西在视网膜上保留一段时间，这叫作视觉暂留。看电影就是利用了人眼的这个特性。在电影银幕上，每秒钟换24张画面，上一个画面在眼中还没有消失，下一个稍微有一点差别的画面又出现在银幕上，连续不断的画面衔接起来，就组成了活动的电影。

这个实验生动地说明"眼见也不一定为实"，你的眼睛有时也会欺骗你。

这样由视觉欺骗引发的现象是不是很有意思呢？

在这一章，你还会认识更多视觉欺骗的情况。比如光渗、盲点、象散，还有一大堆你没有听过名字的奇奇怪怪的"错觉"。

好了，具体这些"视觉欺骗"是怎么回事儿，我就不多说了，还是由你自己来一个个地认识吧！

第五章 动脑筋小博士

三个人坐在一只小船上，船自由地漂浮在水中。三人中一个是盲人，一个是聋子，还有一个就更可怜了：既看不见，也听不到——原来这个人睡着了。

小船离岸边很远，忽然有人在岸边开了一枪，聋子立刻就看到了从枪口冒出的青烟，盲人听见了枪声，正在睡觉的那个人也醒了过来：原来那颗子弹刚好从他的鼻尖上飞了过去。

黑暗中的声音

我们是在火车上认识他的。

事情是这样发生的：

当时我们坐的火车遇到一个斜坡，机车把所有的蒸汽力量都用尽了，也没办法成功地爬上去；于是人们又找来了一辆机车，从列车后面帮着推。这辆机车用它的"鼻子"推着列车最后一节的"屁股"，把马力开到最大。在它的帮助之下，列车慢慢地向上爬了。

"真有趣呀，"谢苗诺夫说，"你知道这列车一共长多少米吗？"

"这太简单了。全列车共有20个车厢，每个车厢长7米，所以一共是140米。"我回答他。

"我想，如果能够有一列非常长的火车，它的长度足以围着地球绕一周，并且能让机车的鼻子刚好接触到列车最后一节车厢的屁股，那可真是太有趣了。那种情况下，我们可以说是机车在前面拉着列车前进，也可以说是机车在列车后面把它推着向前。哪种说法都是正确的。哈哈！这列车真是太长了，都能够绕地球转一圈了……但是苏尔卡，你知道这样的列车需要多少节车厢吗？"

"这有什么难的，简单极了！"我回答道，"物理老师曾经讲过啊，所谓'米'，就是地球圆周长的$\frac{1}{4000000}$的长度，如果每个车厢的长度都是7米，用400万除以7不就是……"

就在这时，列车开进了一个山洞，周围陷入一片漆黑，看不见任何东西，好像是坐在车里驶向地球的中心去一样。突然，黑暗中传来一个声音："需要两个机车才能把列车弄上坡，但是一个在前面拉，拉的时候会把各车厢间的铁链拉紧，一个在后面推的时候，却会把紧绷的铁链推松。照这种情况看，推和拉两个力量刚好相互抵消，但是因为什么缘故列车反而能爬上来呢？"

"对啊，的确是这样，为什么列车还能动呢？"我想。

谢苗诺夫肯定也在思考这个问题。因为在列车开出了山洞，四周重新亮起来的时候，他和我同时向四面环顾了一下——想看看提出这个问题的人是谁。

在旁边一个位子上坐着一个小老头儿，他正在看报纸。阵阵微风从窗子吹进来，吹动着他满头银白色的头发。一副眼镜好像立刻就要滑落下来似的挂在鼻头：一条眼镜的腿已经坏了，被一根绑在耳朵上的皮鞋带代替。或许说话的人就是他了——难道，不是他？

"话说的没错，苏尔卡，按这个道理，前后两个机车岂不是要互相妨碍、互相捣乱了？"谢苗诺夫说。

"它们为什么会互相妨碍呢？"

"很简单，你看：前面的机车怎么才能拉动列车——是不是要把各个车厢中间的铁链都拉紧了的时候才成？"

"没错。"

"而后面的那个机车，是不是要在每两个车厢都抵紧的时候，也就是说，铁链部分变松弛的时候，才可能把列车推向前？那么……"

他也不说话了。我在努力思考问题的答案，可是没有任何收获。

"这可真是奇怪。"我说。"如果各车厢间的铁链都是紧紧拉着的，那就意味着，后面的机车并没有往前推。照这么看，后面的机车不仅没有帮忙，反倒还给前面的机车增添了累赘。但是如果每个车厢间的铁链都是松着的话，也就说明，整个列车的前进工作，都需要由后面的那一辆机车完成：全靠它从后面推着列车连同前面的机车往前走。所以，总有一个机车在当摆设，没有发挥一点力量。"

"如果真是这样，又为什么要在后面增加一个机车，不是添麻烦吗？"谢苗诺夫问。"另外，为什么列车上坡的时候，一个机车拉不动它，但是在后面加了一个机车推它时，列车就可以上来了呢？"

我们为这个问题整整思考了一个多钟头，可是却找不到任何线索。那个小老头儿依然在看报纸，只不过他的眼镜滑得更低了。

"听我说，苏尔卡。"谢苗诺夫说。"如果有一列极其长的火车能把地球绕一周，机车和列车头尾相连（图118），那时的情况和这时候也是一样的。那种情况下，机车会拉着前面的车厢，同时推着后面的车厢，也就是说，机车既把前面各车厢间的铁链拉紧了，也把后面的各车厢间的铁链推松了。"

"怎么会有'后面的车厢'？后面的车厢不是正好在机车的前面吗？"我糊涂了。

此时，那个小老头笑起来。他那发光而且愉快的眼睛看向我们。

"就是这样，就是这样，孩子们！继续想下去！马上你们就可以猜到这是怎么回事了。"

"请您向我们解释解释吧！"谢苗诺夫请求着。

"要我告诉你们答案，那可不行。我向来不会这样做，因此人们才管我叫动脑筋博士。"

图118

他顿了一顿，轻轻地笑了。

"当我还很小的时候，曾经学习过拉丁文。"他说，"有时候拉丁文的字句很难弄得明白，刚好一个朋友送了我一把'钥匙'——那是一本小册子，里面把一切都翻译得很清楚。自从有了它，拉丁文的任何问题，我都不用去动脑筋思考了。有一次，我的老师出了一个非常难的题目。我偷偷地拿出那本'钥匙'，不假思索地顺着字一行一行抄了下去。突然老师站在了我的背后。他把我的'钥匙'从书桌下拿了出去。'孩子！听我说。'他特意大声地说道，使所有的同学都听得一清二楚，'只有不肯用自己头脑去思考的人，才依赖这种东西。'说完，他把'钥匙'还我，就走开了。但是我一辈子也忘不了这件事。孩子们！难道你们也想要这样的'钥匙'吗？"

"不要！不要！"我和谢苗诺夫一起叫道。

"这样做才对嘛！"动脑筋博士说，"如果想到这个问题的答案，可以寄信给我。给你们我的地址。我会告诉你们答案是否正确，并且会再寄给你们一个更难一点的题目。等你们有空的时候，欢迎到我家里来，每天我都有很多新鲜的需要动脑筋的题目呢。"

他摘下眼镜，放回到眼镜盒里。这时到了他该下车的车站，和我们握了握手，他就下车了。列车已经上完了坡，人们也卸下了后面的机车。可是我和谢苗诺夫一路上都在想着两个机车—拉—推的情况，同时也在想着我们的新朋友——动脑筋博士。

【**解**】"亲爱的动脑筋博士！现在我们把两个机车—拉—推的答案给你寄来了。"

"我们已经想出，为什么两辆机车—拉—推彼此妨碍。首先可以简单地把列车分为两部分：前面的机车拖着前面的一部分前进，所以各车厢间的铁链当然都是拉紧的；后面的一部分车厢是被后面机车推动的，所以后面的车厢之间互相顶撞着，因此它们的铁链是松驰的。

"在我们去夏令营的时候，我们的列车旁边刚好有一列两个车头—拉—推的列车在平行地行驶。我们趴在窗口观察了整整一个小时才注意到那辆列车是分了前后两部分前进的。最开始，前面的机车拉了12节车厢，后面的机车推着10节车厢。到后来，变成前面

的拉着9节，而后面的机车推着13节。原来，在列车中间存在一节
或几节车厢'一只脚踏着两只船'——它们一会儿被前面的机车拉
着，过一会儿又被后面的推着。谢苗诺夫给这部分车厢起了个名
字叫'中立派'。他为自己想到了这么一个别致的词儿而感到非常
骄傲！"

两个都要得

我们去了海滨避暑。有一天邮递员来了，于是所有的孩子都在
海岸边邮局那小小的窗口旁边围着，挤着，等着。一开始，邮递员
交给了邮件组的组长一些挂号邮件和汇款通知单、电报等。接着，
他把一大袋信件放在山坡上，按信封上的名字一封封地喊着收信
人。嘿！世界上古怪的名字可真多哪！

"卡普斯特金！奥古尔错夫！彼得！……"

强烈的阳光烘烤着大地。虽然大家都穿着鞋，可是地上的沙子
滚烫，已经让人热得难熬了。

"我们的信不会没来吧？"谢苗诺夫问。

"谢苗诺夫！"我们听到邮递员的声音。

我第一个把信抢了过来。然后我们立刻躲到树荫底下，拆开了
信。这自然是动脑筋博士写来的！

孩子们，你们好吗？我已经收到了你们寄来的两个机车的答案。这个答案是正确的。

最近一个月，我一直在乌拉尔旅行。我很喜欢旅行。今天我在一所很大的钢铁厂进行参观，正好有机会在晚上参加他们厂里半年一次的工作总结会。其实我早就知道，工作成绩最好的是伊凡宁柯和米基金柯，早在去年这两个家伙就被人称为"一对好手"。因为他们在互相竞争，两人都想生产最多的钢铁，但是每次两个人生产的数目都是一样的。如果提起他们之间激烈的竞争——嘿！那真是找不到词来形容！

去年7月份，伊凡宁柯的产铁量增加了10吨，米基金柯的产铁量没有增加，只保持住了原来的数目；8月份伊凡宁柯又增加了10吨的产铁量，可米基金柯却一下子增加了20吨。这一年，两个人就这么像开玩笑一样地竞争着：伊凡宁柯每月增加10吨，米基金柯则是每隔一个月增加20吨……今晚的大会多么热闹啊！大家都非常开心，想看看到底哪一个能获得最高的荣誉。啊！真是热闹极啦！人们都在议论着：

"肯定两个人都能得最高荣誉！"

"这还用说！他们可是有名的'一对好手'呀！"

一个人是每月都增加10吨，另一个是每隔一月增加20吨——最后算起来还是一样的呀！

"不！这可不一样！"我想到。

突然，我就想起了你们。现在让我来考考你们：

孩子们，怎么样，你们觉得应该把优胜奖发给谁？伊凡宁柯呢，还是米基金柯？

我刚刚散会回来，虽然现在已经是半夜了，可还是马上就给你们写了这封信。

祝大家健康！

你们的动脑筋博士

我看了看谢苗诺夫。

"嗯？"

"嗯什么？肯定不会是'两个都能得'，只有小孩子们才这样想。至于这两个人都有非常不错的成绩，这倒是没有问题的。"

"在我看来，却不……"

就在此时响起了号声，我们一跃而起，向饭厅飞快地奔去。我们在比赛，看谁会最先跑到自己的座位上。就在我们刚刚坐下的时候，饭厅管理人看了看我们，笑了，说道（就好像他也读了那封信一样）：

"要得！两个都要得！"

【解】得优胜奖的钢铁工人，是那个在竞赛期内产出铁最多的人。其实，计算的方法很容易：

表 5.1 钢铁工人的产铁量

时间	产量（吨）	
	伊凡宁柯	米基金柯
1941 年 7 月	160	150
1941 年 8 月	170	170
1941 年 9 月	180	170
1941 年 10 月	190	190
1941 年 11 月	200	190
1941 年 12 月	210	210
1942 年 1 月份	220	210
1942 年 2 月	230	230
1942 年 3 月	240	230
1942 年 4 月	250	250
1942 年 5 月	260	250
1942 年 6 月	270	270
总计	2580	2520

上表显示出，12 个月以来，伊凡宁柯比米基金柯共多生产了
60 吨铁。

其实用一句话就可以说明上表了："每一个偶数的月份，两个
人的产量是相同的；可是每一个奇数的月份，米基金柯的产量就要
比伊凡宁柯少 10 吨。"

鸽子和汽车驾驶员

从海滨回到莫斯科，我们立刻决定去拜访动脑筋博士。

我们没有失约：第一个星期天就跑去了他家。

"先别着急，"谢苗诺夫说，"你为博士准备了动脑筋的题目吗？"

"准备什么动脑筋的题目？"

"难道你忘了！我们不是答应好了要给他一个他解答不出来的题目吗？"

"那你准备了吗？"

"当然准备了。"

"哈哈！我也准备了。所以，今天我们可以给他两个题目了！"

我们去的时候，动脑筋博士正在做着一件可笑的事。他把一个孩子们睡的摇床挂在了自己房间的天花板上。我们的博士正坐在摇篮里面，两条腿悬在半空中，像一个婴儿一样地摇来摇去，看了真是让人笑弯了腰。

"哦！你们终于来了！"动脑筋博士喊道，"我已经忙了整个早晨，疲乏极了。快来快来！你们来看一看，这是我的孙女儿阿丽法。"

这时我们才看到，一个小女孩坐在屋角，正在打字机前打字，看起来她只比我们大一两岁。

"来，孩子们！扶我下床来，我的手脚都有些不听使唤了。这可不像一般人所想象得那么简单：为什么两脚凭空还可以让摇床摇摆呢？怎么样，孩子们，你们不是答应好要给我一个新的动脑筋的题目吗？"

"不如还是下次吧，今天您太累了。"谢苗诺夫说。

"你们的题目不会也和摇床有关吧？"动脑筋博士问，两只眼睛正出神地盯着手掌，上面因为拉动摇床而磨出了水泡。

"不，我的题目和汽车有关。"我说。

"我的是关于鸽子的。"谢苗诺夫说。

"很好，那就说吧！"

我们两个同时说了起来：

"假设有一辆载重汽车……"我开始了。

"假设有一节装货的火车……"谢苗诺夫说。

"正行驶在沙漠中……"我接着说。

"在里面有一笼笼的鸽子……"谢苗诺夫接着说。

"别吵，别吵！"博士和他的孙女一同叫了起来。

"好吧，那你先讲吧！"我向谢苗诺夫说。

"谢谢。假设有一节货车车厢，里面装了许多鸽笼，而每一个笼子里都装满了鸽子。"

"全车都是鸽子吗？"

"是的。并且车厢完全密封，一点也不透气。"

"呀！那鸽子不会被闷死吗？"阿丽法问道。

显然，谢苗诺夫有点愣住了。

"现在这是无关紧要的！假设它们不会被闷死好了。"动脑筋博士在给谢苗诺夫打气。

"现在，如果所有的鸽子都不肯在笼内站着，而是在笼子里飞起来，那么，车厢的重量会不会因此就发生变化呢（图119）？"

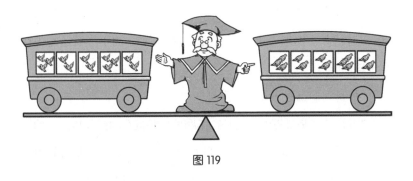

图119

"为什么会变化呢？"阿丽法问。

"为什么？如果有一只苍蝇落在你的鼻尖上，你是不是可以感受到它的'压力'呢？"

"是的，不对，只是感到有一些痒痒的。"

动脑筋博士笑了，还把眼镜都摘下来了。

"和你白说了！"谢苗诺夫生气了，"我是问你：苍蝇是不是会在你的鼻尖上施加一种'压力'？"

"是……是吧。"阿丽法不那么肯定。

"要是它飞走了，是不是压力也会消失了呢？"

"消……消失了。"

"好啦！车厢里的鸽子也是这么回事呀！"

阿丽法看了看我们的博士。动脑筋博士却冲她挤了挤眼睛。

"如果是这样，我想，车厢的重量一定是会改变的。"阿丽法说，"车子当然会变得轻了，如果所有的鸽子都飞了起来的话。"

"但是你忘了吗？车厢是密不透气地关着的呀！"博士提醒她。

"这有什么关系？"

"这就需要你想一想了。"动脑筋博士说，"鸽子毕竟还是关在车子里的呀！"

"可是它们已经飞在空中了呀！"

"可是空气是哪里的？还是在车厢里！并且车厢是关得好好的！好孩子，好孩子！谢苗诺夫！你的这道题目给阿丽法真是再好不过了。至于我，你们得出个更伤脑筋的来。"动脑筋博士笑着说。

【解】一节完全密闭的并且装满了鸽子的车厢，它的重量是由三部分组合而成：一、车厢自身的重量；二、车内空气的重量；三、鸽子的重量。所以，车子里面的鸽子无论发生了什么样的移动，这三个重量的和是永远不会发生变化的。

"嘿！你的'汽车'怎么样了？"老头儿扭过来问我。

"博士真的可以立刻解答出我的问题吗？"我一边这么想，一边开始讲我的题目：

"一辆载重汽车行进在沙漠中。距离它右侧两公里的地方，有一条直直的运河，恰好和汽车的行进路线平行。在汽车前面的某处，也就是运河左侧一公里的地方，有一架飞机停在那儿，正等待汽车送来燃油和水，以便起飞。这辆车子本来应该首先到运河边取水，再开往飞机停着的地方。汽车驾驶员马上想到一个问题：应该把车子开到运河边的哪个位置，才能在继续转向飞机的时候行驶最短的路程呢？（图120）"

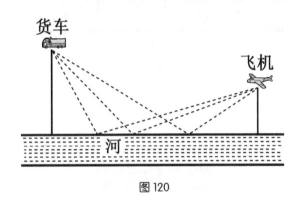

图120

动脑筋博士往往喜欢画出一幅图来解答一个题目。是的，画图可以发挥很大的作用，不信你们也画一下。博士画了一幅图。

接着，他想了一分钟，笑了起来：

"不，"他说，"苏尔卡，这题目真是太简单了。"

他只是在图上画了一条线，立刻我便看出来他已经想到答案了。

【解】图121是动脑筋博士给出的答案：

折线 *ABC* 和直线 *ABD* 等长，所以，这就是汽车到运河边去取水然后又到飞机旁边的最短路线。只要驾驶员不太笨的话，他肯定是会去 *B* 点取水的。

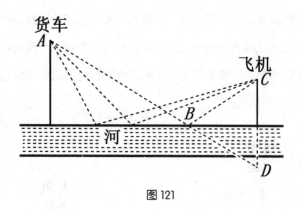

图 121

逻辑的题目

　　动脑筋博士突然说："我知道了！"然后他向我招了招手说："过来，苏尔卡！"又向谢苗诺夫和阿丽法也招了招手，说："你们俩也过来，都过来我这边，我来弄个玩意儿给你们看。"

　　我们三个依次走到他旁边，看着他从口袋里将两段粉笔掏了出来。

　　他说："你们看，我手里有两段颜色不同的粉笔头，一段是白色的，一段是绿色的。一会儿你们三个背靠背站好，我会用一种颜色的粉笔，在你们每个人额头上分别画一条线。画完后听到我喊"一，二，三"，你们就马上转过身来，面对面站着。这样你们就可以看见另外两个人额头上画的是什么颜色了。当你看见其余两个人任何一个的额头上画了绿线的时候，你得马上把手举起来。然后，当你猜到自己额头上的那条线是什么颜色的时候，你再马上把手放下来。听懂规则了吗？"

"听懂了！"

"开始！"

于是我们三个人迅速背靠背站好。动脑筋博士依次给我们每个人额头上画了一条线，然后下了口令："一，二，三！"

尾音刚落，我们三个迅速转过身，站成了面对面的角度。我看到他们两个额头上都有一条绿线，于是我立刻举起了手，随后他们俩也举起了手。我顿时明白了，于是又立马把手放下。

"我知道了！我额头上是绿色的线！"我说道。

动脑筋博十问："你是怎么猜到的？"

"很简单啊，起初我举手的时候，是因为我看到他们两个额头上的线都是绿色的。由此我就猜想，如果我头上是白色的，阿丽法也举起了手，那么谢苗诺夫就会猜到，阿丽法所看到的绿色的一定是他额头上的，那么他就会把手放下。但是他没有把手放下，说明刚才这个假设不成立，也就是说他并不知道阿丽法举手是因为看到了我头上的绿线还是他头上的，说明我头上也是绿色的啊。这不是很容易猜的吗？"

动脑筋博士闻言哈哈大笑，一边笑一边拍掌，道："哈哈，你真是个聪明的孩子啊。这是一道关于'逻辑'的题目，总的来说，这道题还是很有难度的啊。"

谢苗诺夫一脸的迷惑："逻辑是什么？"

"是啊，"阿丽法也不明白，"逻辑是什么啊？"

动脑筋博士耐心地解释说："逻辑啊，就是一种正确的思考方法，是一种教人如何去正确思考的科学。"

我立刻表示赞同："那还用说嘛，对任何问题，我们都应该用正确的方式去思考。"

"你说的对。"动脑筋博士补充道，"我们一般把数学上的问题叫作数学问题，把需要由力学知识才能解决的问题叫作力学问题。但还有一些小问题，它不需要我们用大学问来解答，你只能通过脑力思索才能得到解答。对于这种问题，为了不把它与其他各类问题相混杂，我们把它叫作'逻辑题目'"。

"这么说来，那我也知道一个数学题目了。"谢苗诺夫显得兴致勃勃。

"说来听听！"动脑筋博士说，"只要你多来一些逻辑题目，我是不需要你们请我吃点心的。"

"不过，你得说那种能马上就猜出答案的。"阿丽法说道。

"说得对，得立即就能猜出答案。"谢苗诺夫如是说。

【解】动脑筋博士又说："刚才那个粉笔头的小游戏是有一个破绽的，不知道你们发现了没有。苏尔卡之所以立即猜出他头上是绿线，是因为谢苗诺夫没有把手放下。但假如谢苗诺夫先猜到自己额头上的线是绿色的，并因此放下手，按照刚才苏尔卡所提到的逻辑，苏尔卡就会认为自己额头上的线是白色的了！"

马上就有答案

"去年,"谢苗诺夫开始说他的动脑筋问题,"在野营的时候,我们的少年先锋队曾经进行过一次军事游戏。其中有一个节目叫作'脚踏车竞赛'。因为我被派在'司令部'里研究他们发回来的机密报告,所以就没有参加比赛。从司令部里出来了5辆脚踏车——科远、多远、娜佳、雪丽莎和娃霞每人都驾了一辆。我则待在司令部里等候着。不一会儿,一只带着纸卷的信鸽飞了回来。纸卷里有5份报告,分别被写在香烟纸上。"

一、雪丽莎是第2名。很不幸,因为车胎气不够了,所以我是第3名。科远。

二、我赢了!我是第一个到达目的地的。娜佳第2名到达。多远。

三、我是第3名。多远落在最后面去了,真是不幸。娜佳。

四、我是第2名,娃霞倒数第2个到达。雪丽莎。

五、太倒霉了!我才排第4名。科远抢走了第1名。娃霞。

"读完了这些报告,我的眼睛都花了。5个人的报告竟然说了5种不同的情形。并且之间差得太远了:一个报告说多远是第一个到的，另一个却说科远才是第1名。一个说娜佳得第2，另一个却说第2名是雪丽莎。我想了很久，最后终于明白了：原来所有人的报告中，只有一种情况是真实存在的情形，另一种却是完全编造的情况，是故意给我出难题。"

"那么，你找到办法解决这个难题了吗？"动脑筋博士问。

"那是必须的！我可不是坐在司令部里什么都不做的呀！"

动脑筋博士在屋子里面踱来踱去。他的眼镜又开始闪闪发光，并且不停地搓着手——显然，这个题目让他非常高兴。他坐下来，把5份报告分别抄了一遍，自言自语地嘀咕了很长时间，终于笑了起来。

"出来了，孩子们！来听我说！这里有两份报告，都说娃霞是第4名。如果这都不正确，那么真实的情况应该是雪丽莎是第2名，科远是第1名了。如果科远是第1名，而多远的报告说他自己才是第1名，那一定是假的了；所以他的报告的第2项必然是真实的情形，也就是娜佳是第2名了。但这样就有了两个第2名（娜佳和雪丽莎），显然这是不可能的。所以，娃霞的确是第4名。因此可以推断出雪丽莎肯定不是第2名。如此说来，科远的报告说他是第3名是正确的。我们也就能看出，娜佳说她自己是第3名是编造的，而她说的多远落在最后面才是正确的。接下来，多远报告的自己的名次是在撒谎，而他说的娜佳是第2名的成绩才是真话。现在只剩下一个雪丽莎——可是别的名次都已经被人占了，所以她只能是第1名了。我解答得对吗？"

"您讲得太快了，连我自己也搞糊涂了。"谢苗诺夫说，"您的最终答案到底是什么？"

"按我的推断，获得第1名的是雪丽莎，第2名是娜佳，第3名是科远，第4名是娃霞，而多远落在了最后面。是不是？"

"没错，没错！"谢苗诺夫喊了起来。老先生解答难题的神速让大家惊呆了。

【**解**】"照这么说，无论从哪个人开始推算，最终答案都一样的吗？"阿丽法问。

"是的。"动脑筋博士答道，"刚刚我是从娃霞开始的。现在，我们可以从科远开始试着推断。"

阿丽法一边思考一边自己喃喃地念道：

"科远说自己是第3名。假设这是对的，则雪丽莎的第2名和娜佳的第3名，便都是编造的了。那么，多远的最后1名则是正确的。可是他说他是第1名。照这么说，他的话是在撒谎，而娜佳的第2名才是真实的了。至于娃霞也可以得出：如果科远的第1名不是真实的，那就意味着，娃霞是第4名到的。而剩下的雪丽莎——她肯定是第1名了。因此可知，我们的推算是正确的。"

"我的姐姐忙着去看戏"

我很快就想到了一个很简单的题目。三个人坐在一只小船上，船自由地漂浮在水中。三个人中，一个是盲人，一个是聋子，还有一个就更可怜了：既看不见，也听不到——原来这个人睡着了。

小船离岸边很远，忽然有人在岸边开了一枪。聋人立刻就看到了从枪口冒出的青烟，盲人听见了枪声，正在睡觉的那个人也醒了过来：原来那颗子弹刚好从他的鼻尖上飞了过去。

现在，我的题目是：三个人中是谁最先觉察到岸上有人开枪的？这个题目太简单了，大家都会算，用不着我提醒。但是，今天我有一个非常重要的发现，毫无疑问，这个发现会让今天的科学更加有趣：原来，我发现的是一个有意思的难题，它的传播速度会比瞎子听到的声音、聋子看见的光和睡觉大王感受到的枪弹的速度更加快！问题传播的速度快过了声、光、枪弹的速度，难道你不相信吗？

今天一大清早，谢苗诺夫就跑来了我家。

"你还没有起床吗？"他问我，"快点穿衣服，一边穿，一边来回答我的问题。我的姐姐昨天晚上赶着去看戏，她把所有的袜子放在一个柜子里——里面有7只白色的，8只黑色的。她做事向来粗心，所以她的袜子也是乱七八糟地放在里面，一点儿也不整齐。恰好电灯坏了，又不能马上找到火柴、蜡烛，她只能在黑暗中摸索，拿好袜子去叔叔房里去穿（叔叔在点着蜡烛看书）。房子里黑得什么也看不见，这该怎么办呢？——谁知道哪些是白袜子，哪些是黑袜子呢！黑暗中它们都是一个颜色的！戏院里的戏马上就要开演了，她真是着急啊。她一手抓了好几只袜子，跑进了叔叔房间。现在你想想，她至少要拿多少只袜子，才能找到一双同样颜色的呢？"

我穿衣服的时候，一直都在思考着这个问题。一穿好衣服，我便马上跑去了谢苗诺夫家里（他家在隔壁），想看看我的答案是否正确。但谢苗诺夫却不在家。我立刻向学校跑去，恰好在途中遇到了动脑筋博士的孙女儿——阿丽法和蓓达（或许你们还不认识蓓达，那么现在我来介绍给你们）。

"阿丽法！蓓达！"我喊道，"我的姐姐……"

"赶着去看戏！"两个人异口同声地接道。

"咦？你们已经知道这个问题了！动脑筋博士呢？"

"我们已经出来10分钟了，他应该还不知道呢。"

因为怕迟到，我给老博士打了个电话。

"又有一个有趣的题目了！"我在电话机前兴奋地喊着，"一个和以往不同的题目：我的姐姐……"

"赶着去看戏！"他立刻飞快地接了下去。

我丢下听筒，拔腿就去追赶阿丽法和蓓达。老天知道，我花了多大工夫才把她们追到，不知道今天她们为什么会走得这么快。最后是我在她们之前赶到了学校。一进教室我就大声地喊道：

"各位请听！一个全新的题目：我的姐姐……"

"赶着去看戏！"全班同学异口同声地回答。

"在她的柜子里……"我想用更大的声音压过他们。

"有许多只袜子！"同学们像皮球一样地把我的话碰了回来。你可以出一个有趣的题目试试看：你的话还没说完，别人连答案都已经说出来了！或许你认为这是谢苗诺夫的恶作剧，他早就用电话通知了大家吗？不可能的，今天他可是在地理老师上课半分钟后，才偷偷地溜进教室的，那时全班同学都已经没一点儿声音了。

"见鬼！大家都知道了！"他说，"这问题传播得真快，竟好像是全莫斯科都已经知道了一样！今天回家，姐姐一定要埋怨我了！"

【解】"我的姐姐"一共只要拿三只袜子就行，三只中便一定有两只是颜色相同的。

当把我们的"新发现"告诉了他之后，老头子禁不住哈哈大笑了。

"来吧！孩子们！我们在《少先队真理报》上开辟一个竞赛专栏。我想，在《少先队真理报》上百万的读者中，起码还有许多人不知道'我的姐姐'至少要拿几只袜子的。让他们也来动动脑筋不好吗？"

我们马上同意了这个建议，毫不耽搁地跑到少先队真理报馆去了。

编辑先生首先问我们有没有带一个这类动脑筋的题目来，因为开辟一个竞赛栏，要先把一个题目做样子给他看。

"我的姐姐……"谢苗诺夫马上说。

"忙着去看戏,"我急忙加上了一句。

"她的柜子里……"谢苗诺夫说。

"有许多袜子!"我补充着。

从编辑先生的面部表情来看,我们知道他还没有听说过这个题目。谢苗诺夫于是让我来讲。

编辑先生太忙了,百忙中他抽出了一刻钟的时间。果然在这15分钟内,"袜子"和竞赛的问题都解决了。他决定请动脑筋博士任义务指导员,我和谢苗诺夫负责拆阅参加竞赛者寄来的答案。

"第一次的题目,要出得容易些,"编辑先生说,"'我的姐姐'做第二次时的题目好吗?"

一个星期以后,我们大家——博士、阿丽沃、蓓达、谢苗诺夫和我都收到了一份新出版的《少先队真理报》,后面一页的一个精致方框里,印着我们发起的"动脑筋竞赛"的第一个题目:

有甲、乙两个城,相隔4公里。一列全长1公里的火车,由甲城开向乙城。恰巧当列车最后一节驶出了甲城城门的时候,一个列车长跳上了最后一节的后门,由这儿向前部的机车走去(当然,他要走过所有的车厢)。巧极了,当机车开到乙城城门的时候,这位车长也刚好走到机车上。

现在请你想想看：这位列车长一共乘了多长距离的车，走了多少路？

【解】列车长走了车的全长，也就是走了1公里路。但他由甲城到乙城，共移动了4公里。因此，他实际坐车的路程只有3公里。假如这位列车长先在铁道上步行了1公里，然后再跳上列车——只是不是跳到最末的一节，而是跳上机车——则这个题目的答案也是一样的。不过，那样的话题目就太过于简单了。

既容易又难

现在，我的一切空闲时间都用来消磨在可敬可爱的动脑筋博士家里了。他对于《少先队真理报》的竞赛非常感兴趣，态度也十分认真。

"你知道吗？苏尔卡！"他对我说，"每个孩子都是不同的。有的希望题目出得简单点儿，有些却想要难一些的问题。我想让他们每个人都能够得到适合自己口味的题目。通常情况下，我自己就喜欢做一些看起来很难、实际上解答起来却很容易的题目。可是，要解决这种题目，往往让人无从下手。"

我很赞同他的看法："这是真的。要是别人告诉了你答案，你一定会很懊恼：'我真是没有用啊，这么简单的答案都想不到！'""我马上给你一个这样的题目。"博士说，"题目不难，解答也容易，可是你不一定能想出解答的方法来。给我一支铅笔，我给你把题目画出来看。"

他画了一幅图（图122）："这是一条河，河水流动的方向和图上箭头所表示的方向一致。这里有两座木桥，两座桥间的距离有1000米。从第一座桥上，一个游泳健将跳进河里时也同时投入一块小木片。木片立刻顺流而下；而游泳健将则先逆水游10分钟，接着转过方向来向下游游去。最终，这位游泳健将和木片刚巧同时到达第二座桥。现在的问题是，水流的速度和游泳健将的速度各是多少？"

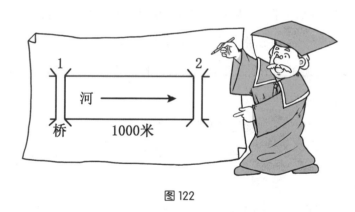

图122

我想了大约一个小时，但是依然想不到任何线索。

"怎么样？"博士笑了，"我说过吧，你不一定能猜到。但是我很快就找到了解答的方法。我们先来做一个假设，假设木片上面有一只近视得很厉害的苍蝇。它既看不到岸边，也看不到水在流动，就像我们感觉不到地球在转动一样。那么，可以把它看作是坐在一个静止不动的木片上，而远方有一座木桥迎面靠近。对了，近视的苍蝇和游泳健将都在同一条河中，所以在它看来，游泳健将也是在静水中待着。

"现在，让我们从苍蝇的角度出发来讨论。假设水是不流动的，而两座桥则是以河水流动的速度向相反的方向移动着，这对于苍蝇是没有什么区别的。最开始它会觉得游泳健将慢慢地和它远离，后来又发现游泳健将慢慢向它靠近，并且，刚好在第二座桥到达苍蝇所在的木片时，游泳健将也到了它的身边（因为按照题意，游泳健将和木片于同一时刻到达第二座桥）。

"有了这个假设，题目就变得容易得多了：游泳健将在静止的水中游离苍蝇10分钟；因为水是静止的，游回来也用了10分钟，所以一共游了20分钟。于是，桥移动的速度是每分钟50米。这同时也就是水流的速度！"

"游泳健将的速度是多少呢？"我问道。

"无论游泳健将的速度是多少结果都是一样的，"他说道，"不信你可以做题试试看。"

我很喜欢这个题目，于是请求把它也加到《少先队真理报》的竞赛栏中去，可是动脑筋博士却没有答应。

"不可以，不可以！"他连忙摆摆手说，"竞赛栏的题目是不会给出答案的，答案需要竞赛人邮寄来。如果你知道了怎样思考，那题目是很容易，但是，如果不知道呢，那就十分困难了。我们还是采用两条铁棒的那道题吧！"

"什么'两条铁棒'？我还不知道这个题目呢！……"

【解】我们把这道游泳健将和木片的题目，告诉了学校里的代数老师彼得先生。他对动脑筋博士聪明的解答方法十分感兴趣。他说：

"无论如何也要把动脑筋博士介绍给我认识啊。我相信，一定能够从他那里学习到很多东西。你们希望我用普通的代数方法来解决这个问题吗？"

他走向黑板，在上面写下了这个公式：

$$A \xrightarrow[\text{1000 米}]{} B$$

现在先用 A 来代表第一座桥，A 代表第二座桥。则河水是从 A 流向 B。游泳健将以逆流方向游了 10 分钟。假设游泳健将的速度大于水速，那么这段时间内，他会游到 A 点左边某处的 C 点上：

$$C \cdots\cdots A \xrightarrow[\text{1000}]{} B$$

现在用 v 来代表水流的速度（每分钟的米数）。

用 p 来表示游泳健将的速度（每分钟的米数）。

接着我们先来解决游泳健将的问题：

他从 A 到 C 的速度是 $p-v$，他以这个速度游了 10 分钟。也就是说，A 到 C 的距离应该是 $10(p-v)$：

$$AC=10(p-v)$$

他又从 C 点顺流游到 B 点，C 到 B 的距离要比 C 到 A 长 1000 米，即：

$$CB=10(p-v)+1000$$

可是在这一段他的游泳速度已经是$p+v$，所以，由C到B的全程他共花了$\dfrac{CB}{p+v}$分钟，也就是：

$$\frac{10(p-v)+1000}{p+v}\text{分钟}$$

游泳健将到底游了多长时间才碰到木片的呢？他先逆流游了10分钟，接着又顺流游了$\dfrac{10(p-v)+1000}{p+v}$分钟，一共游了：

$$10+\frac{10(p-v)+1000}{p+v}$$

下面来算算木片的速度。木片在水中顺流漂浮的时间是这样的：它漂了1000米，速度是每分钟v米。则它的整段旅程共花了$\dfrac{1000}{v}$分钟。根据题意，木片和游泳健将是同时开始并同时停止了游程的。这也就意味着，木片和游泳健将所花的时间是相同的。所以：

$$10+\frac{10(p-v)+1000}{p+v}=\frac{1000}{v}$$

"现在，"彼得先生说，"大家都拿出纸和笔来解答这个方程式吧。先通分，消掉分母，开括号——总之，每一步都要按照方程式的演算步骤来做。"

10分钟过去了，只有笔尖在纸上划动的声音。接着，有几只手举了起来。

"怎么样？算完了吗？"彼得先生问，"茹拉芙科娃，你的最终结果是什么？"

"我写出了一个奇怪的方程式，"茹拉芙科娃答道，"这个方程式有两个未知数。"

她走到黑板前，写下了她的答案：

$$20pv=1000p$$

"接下来怎么算下去呢？"她问，"把 p 消掉，是可以算出水流的速度 v，但 p 将永远是一个未知数了。"

"你不如先把 v 算出来，p 的问题，我们一会儿再说。"

茹拉芙科娃写道：

$$20pv=1000p$$

$$20v=1000$$

$$v=\frac{1000}{20}=50 \text{米/分钟}$$

"每分钟50米——这是河流的速度，同时也是木片浮动的速度。那游泳健将的速度呢？"

"游泳健将的速度是可以为任何数的，你们不相信吗？"彼得先生说，"只要认真看看那两个未知数的方程式，就可以发现：如果 $v=50$，p 在任何值时，这个方程式都是正确的！"

这时，下课铃响了。大家立刻合上了笔记本。谢苗诺夫一个人还在窗子前呆呆地站着，似乎在想些什么。这时彼得先生经过他那里。

"彼得先生！"谢苗诺夫突然说，"可是我们在计算时，游泳健将的速度并不是任意的。我们不是已经假定游泳健将的速度大于水流的速度吗？"

"这个问题很好！"彼得先生开心地说，"现在你可以算算看，如果 v 大于 p 时，结果是不是和刚才的一样呢？"

是铁棒，还是磁石？

动脑筋博士冲我挤了挤眼睛，然后拉开办公桌的一个抽屉，拿出了两条铁棒（图123）。

"磁石！"我叫道。

老先生睁大了两眼看着我。

"在没有掌握足够的证据之前，不该武断地立刻给一件东西下定语。这句话你应该永远牢牢地记着。"他说，"这两条铁棒中实际上只有一根是磁石，而另一根只是普通的铁棒。"

"哪一根才是磁石呢？"我问。

"这就是我将要出的问题了。"

马上，我的眼光就转向了办公桌上那个装满大头针的盒子上。

图123

动脑筋博士立刻就说话了："嘿嘿！你这孩子真狡猾！用大头针那就太简单了——这样就用不着动脑筋了，连三岁的小孩儿都知道这么做；可以把大头针粘起来的，当然就是磁石了。不，你还是先动动脑筋吧！你只能用两只手拿着铁棒，不可以动任何别的东西。还有，不许把它们挂起来辨别南北，你应该把两根铁棒紧紧地握在手中。"

我只好照他说的做，左右手各紧紧握着一根铁棒。

"这可怎么好呢，怎么才能知道哪一根是磁石呢？"我开始发愁了。

谢苗诺夫、阿丽法、蓓达三个人恰好从报馆回来。他们大惊小怪地嚷嚷着，扰乱了我的思路。

"快来猜猜看！"

"有多少封！"

"信！"

"寄来的！"

"报名参加竞赛的！"

"100封！"我说。

"200封！"博士说。

他们蹦来跳去地欢呼着：

"15000封！ 15000封！ 15000封！"

【解】磁石的吸引力是两头强，越往中部越弱，而正中间则是没有吸引力的。如果向这个地方放一块铁的东西，将不会感到有吸引力了。

现在把棒1靠近棒2的中间。如果吸不住，棒2就是磁石。如果吸住了，那么棒1就是磁石了（图124）。

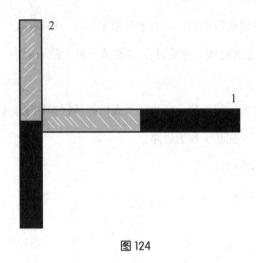

图124

植树的故事

总有许多有趣的事情发生在阅读读者来信的时候。许多读者通过信件给我们寄来了前两个问题的答案。你只要在这些信中随便瞄上两眼，眼前呈现出来的都是读者的答案："我的姐姐……""我的姐姐……""袜子……""袜子……""袜子……""两双""三双""四双"……

当然，也有一些我们不知道的事情，比如说，有些读者会给我们寄一些新的题目。我们的老博士用他的大手支着头，专注地坐在信件前面，一封一封地把它们拆开，并认真阅读读者写的东西。这么多年来，有一点他一直没有改变，那就是只要他还没有看过的信，谁也别想动它；你似乎可以从他喉咙里发出的轻微的咳声中感受到他内心的满足。

突然，老博士激动地摇着手里举着的那一张信纸，兴奋地大叫了一声："大家赶紧过来看看，这道题太好了，简直可以说是完美！下次发表竞赛题的时候，一定要把它也发表了！嘿！大家猜猜看这封信是从哪儿寄过来的！是那座刚建设好的城市——斯大林格勒！阿丽法！蓓达！你们都别忙着做中午饭了，赶紧过来听这个题目！这道题简直可以说是完美无瑕！这是一道叫作'植树的故事'的题目。"

虽然说我们住在钢筋水泥做成的城市里，但是，我们也可以好好过一天充满绿色的"树林日"！

我们这儿新开辟了一条旁边连一棵树都没有的新马路。为了我们的城市，我们决定植树绿化它。就算我们不能把它变成一片美丽的森林，但最后可以看到一排排的树木是比这样光秃秃的一片要让人开心得多。不知道你感受过开花的菩提树的香味没有。

我们——我和我的"夏伯阳小组"——和科斯嘉的"基洛夫小组"都是植树的好手。两组人决定进行一次植树竞赛。

我们两个小组在前一天晚上就准备好了工具，同时也画好了种树的位置：每隔3米种一棵树。同时，马路也被我们划分成了南北两个部分：我们负责种南边的马路，基洛夫小组负责种北边的马路。

"等着瞧吧！看谁会是最后的赢家！"我们自信满满地说。

科斯嘉却嘲讽地说："你们凭什么能赢啊！"

我们胸有成竹地笑了：就算他们都是种树的好手，可是我们还是比他们要强一些。

虽然我们约定开始的时间是8点，但是在7点钟的时候，我就集齐了我们这组的"英雄"们。我的想法是："管他那么多啊。我们要比他们提前半个小时开始干！"7点半的时候，我们全体人马就铆足干劲来到了马路上。咦？科斯嘉已经提前来了，还带着他的伙伴们把3棵树给种好了！

"哈哈，怎么样，上当了吧！"他笑着说。

"哼！科斯嘉，太感谢你了！你把3棵树种到我们要种的地方，你的这份美意我就收下了啊。"

"你怎么说我们把树种到你们那里了？"科斯嘉不解地说。

"昨天不是说好了吗，我们负责的是马路的南边，不是吗？你自己看看，你现在正好就是在马路的南边种树啊！"

"糟了！"科斯嘉急了，唰的一下脸都涨红了。

"算啦，就算是刚刚种错了，我们还是一样可以追上你们。"他说。

他们有点失落地去了北边的马路，我们也就开始了植树竞赛。这场竞赛真是紧张刺激，我们每个人都干得热火朝天，我相信，上天也会为我们的表现而感到高兴。最后，因为基洛夫小组一开始给我们种好了3棵树，所以，我们自然而然地比他们更早把树种完。种完后，我跟我的伙伴们说："伙伴们，走吧，让我们去给基洛夫小组帮忙吧！"

回头望一望我们种好的那一排树——数不清的菩提树，一棵棵像琴弦一样排列得整整齐齐！然后我们就去帮基洛夫小组也种了3棵树，算是把我们一开始欠他们的还清了。接着，我们又多种了3棵数，直到没树可种为止，因为所有的树苗都被我们种完了。

我跟科斯嘉说："看一看，就算是让你们先开始种树，可最后赢的还是我们。"

科斯嘉反击道："你们不就是比我们多种了3棵树而已，这很了不起吗？"

"怎么只是多种了3棵树！别忘了我们还帮你们种了3棵树，这样加起来是6棵树才对！"

"你这样算是说我们没有给你们种那3棵树吗？你这是怎么回事？难道连最简单的计算都不会了？你是忘了

6-3=3吗？"

我们不停地争论着。我们朝着他们高声喊着："6棵！6棵！"

基洛夫小组的成员们也不甘示弱地朝我们高声喊着："3棵！就是3棵！"

我喊着说："6棵！就是6棵！我们就是比你们多种了6棵！"科斯嘉也大声喊着来回敬我："我们有6棵树是你们帮忙种的，而你们也有3棵树是我们帮忙种的！难道说你们的脑袋是水做的吗？6-3=3都不知道吗？"我朝科斯嘉喊着说："你非要说3棵，3-3=0了，难道你不知道吗？算了！有什么好吵的！让我们去找个人来帮忙算算，不就什么都知道了？"我走到了一个新来的警察面前，并告诉了他整个事情的经过，最后问他："我们比他们到底多种了几棵树？3棵还是6棵？"

动脑筋博士就这样生动地把信念给我们听。

他激动地说："好哇！好哇！这个题目实在是太好了！我相信没人会反对我把这道题当作竞赛的第三个题目吧？好，那么就算我们全票通过了。"

【解】警察问道："哪个小组是夏伯阳小组？就是比较迟来的那一组，是你们吗？"

"是我们。"

"那么，我计算的结果就是夏伯阳他们组确实是多种了6棵树。让我来告诉你们我是怎么算的：假设每一列树的数目都是20，那么，夏伯阳小组先在马路的南边种了17棵树以后，又帮基洛夫小组种了6棵树，也就是说，他们一共种了23棵树。

"至于基洛夫小组，你们先帮别人种了3棵树，但是，你们种了多少树在自己那里呢？20-6=14，14+3=17，所以说，你们一共种了17棵树。这样算起来，你们不就刚好比夏伯阳他们少种了6棵树吗？"

科斯嘉辩解着说："可我们每边种的是80棵树，而不是20棵树！"

"可是这又能说明什么呢？"警察说，"最后的结果都是一样的，和你们种了多少树没有关系。"

谢苗诺夫对警察的算法并不喜欢，便又搬出了他最喜欢的代数算法："假定每边树的数目是n棵。

"夏伯阳小组种的树的数目是：在自己的一边种了$n-3$棵和在对方那边种了6棵。

"基洛夫小组种的树的数目是：在自己的一边种了$n-6$棵和在对方那边种了3棵。

"那么，夏伯阳小组一共种了$n-3+6=n+3$棵树。

"而基洛夫小组种的树的数目是$n-6+3=n-3$。

"现在结果很明了：无论他们在两边各种了多少棵树，基洛夫小组比夏伯阳小组总是少种了6棵。"

你猜猜看！

大家可以猜一猜：我们遇到动脑筋博士是在什么地方呢？我敢保证大家肯定想不到，因为大家现在一点头绪都没有，所以为了让大家能回答出这个动脑筋的题目，还是该给大家一些提示的。

首先要告诉大家的是，谢苗诺夫最近对制造潜水艇模型相当着迷。他想要弄点铜管——只有运动器材店的打猎用具部才有卖这样的铜管。请你一定要牢牢记住这一点！

还要告诉大家另一点：动脑筋博士的两位孙女儿最近获得了学校溜冰比赛的前两名。因此，老博士打算买一些对她们来说很实用的奖品——很漂亮的溜冰鞋——来奖励她们。知道这些以后，大家应该能猜到我们遇到他老人家是在什么地方了吧？

自然就是在那家大家都熟悉的季那莫商店了。

我们刚走进商店的门，就看到好几个人站在柜台前面：六个海军人员——三个船长和三个水兵。在他们中间站着的是我们的老博士。他正在朝大家高声地喊：

"沉到海底，一定是要沉到海底的啊！啊！我的小朋友们来了！我很高兴凑巧在这儿遇到你们。你们来瞧一瞧，这些海军同志竟想把我诱上钩。他们问我：若是在大西洋中间有一艘战舰沉下去，那么它会怎么样？是一直沉到海底呢？还是因为受到海水密度的排挤，沉到某种深度后而悬浮在海水中，永远也不会沉到底呢？"

我说："那肯定是到不了底的。在大西洋中的深海地区，海水密度实在是太大了！"

"别乱说！"谢苗诺夫说，"最后肯定是要沉到海底的。"

海员们看见我们的意见截然不同，觉得非常有意思。

"来呀，来呀！看是你们谁能说服对方！"其中的一个个子比较矮、脸孔像皮球一般圆的人说。

一个水兵说："我提议，大家先买好自己要买的东西，然后我们到餐馆去，找一张桌子坐下来，大家好好讨论讨论。"

我们都对这个建议表示赞同。我和谢苗诺夫买了铜管，老博士也把他要买的溜冰鞋买好了。嘿，至于海员们……他们是买了多少东西啊！有排球、台球，还有小口径猎枪——我们把所有的东西都寄存在商店里。然后，我们就一起去了餐馆。

谢苗诺夫是一点也不含糊，一点东西都没有吃，就开始把他对大西洋中那一艘不幸沉没的战舰是否会沉到海底的看法向大家滔滔不绝地解说起来。

"怎么样，是这样的吧，博士？"他说完后问了问动脑筋博士。

"没错，孩子，就是这样的！现在你试着出一个难一点的题目给海军同志们吧。"

只要你给他一个机会，谢苗诺夫立马就会说：

"假定我是一艘总共有182名船员的舰船船长。有一天，我的船很不幸在大海里遭遇了飓风，并在离海岸还有15公里的地方失去了控制……"

他就像是在照着书本读一样，滔滔不绝地讲完了。还在里面提到许多数字和许多稀奇古怪的地名。最后他问了一个问题：

"船长的名字是什么？"

我们学校所有人都知道这个有点老的问题，但是在海员们看来，怎么也想不到，因为他们以前从来都没有听过，所以他们都笑出了眼泪！那个个子比较矮、脸圆得和皮球一样的海军，跳上了椅子，高兴得也像皮球一样。

这位圆脸同志的名字是高鲁比。

老博士对他说："好了，现在轮到你出题了。"

高鲁比一边笑，一边说："我早就准备好了。我有一点要提醒你们的是，如果说这个问题太难，你们做不出来，那可不能骂我啊。还有，事前跟你们说好：你们只有两个小时的时间做这道题。否则的话，没有做出来的人，请爬到桌子的下面，学三声公鸡叫作为惩罚。"

高鲁比说出了他的题目："首先，你们都知道，我们三个人分别是三条船的船员委员会的委员。大个子的那个是彼得罗夫，另一个小个子是潘琴科，而我是高鲁比。另外，我们三条船的船长分别是伊凡诺夫、菲力波夫和朵司科依。因为我们打算给优秀的船员们一点奖励，所以我们买了一大批奖品。我刚刚计算了一下：我们三个人，也就是船员委员会的委员，比各自所在舰船船长所买的奖品多花了63个卢布，并且，我们每个人买的奖品的数目和他平均每种奖品花的钱的数目（按卢布计算）刚好相等。还有一点我要告诉你们的是：伊凡诺夫船长比潘琴科少买了23种奖品，朵司科依船长比彼得罗夫少买了11种。现在，请你们告诉我：我们三个人是分别搭档哪一位船长？"

"嗯，麻烦你再说一遍！"老博士向高鲁比请求道，"再说一次题目吧，再说一次吧。"

这一次，我们的老博士一句句把题目给记下来，皱了皱眉头，在桌子上伏着，鼻子都快和纸碰在一起了。高鲁比马上掏出了表，在桌子上放着，开始计时。

老博士一开始在那儿坐着深思，后来他就有点坐不住了，还开始在椅子上乱转。我们只能听见他低声哼着：

"伊凡诺夫船长比潘琴科少买了23种奖品，朵司科依船长比彼得罗夫少买了11种。每一个委员比他的船长多花了63卢比——我觉得……"他突然喊了一声，"你们几个还是赶紧走吧，去别的地方玩去，别在这里烦我！"

这下我们可好了——我们去滑了整整两个小时的雪。等我们回到餐馆的时候，远远地就看到我们的老博士已经坐在桌子底下了。他一看到我们回来了，就大声地学起了公鸡叫。

他说："我服输了，高鲁比同志！我想得连脑子都磨出了水泡，可还是想不出来！甚至都还是无从下手的感觉！"

高鲁比笑着说："哈哈！这个题目不错吧。看在你已经学了公鸡叫的份上，我就把答案告诉你吧。你可要仔细看好了。"

他把动脑筋博士手里的纸和笔拿了过去，开始向我们解释答案。

【解】大西洋中的战舰

谢苗诺夫说："为了更方便解释这个问题，我们就用铁球来代替战舰吧。这个铁球沉到了海里面，在那里，它的各个方面都会受到来自海水的压力，而来自各方面的压力都是一样的，所以说，这种压力是没有办法阻止铁球往下沉的。现在我们假设铁球的比重是8，也就是说，铁球排出的水的重量是它自身重量的8倍，如果想要阻止铁球往下沉，海水的密度就应该非常大：必须要与一个铁球体积的水和8个同体积海水的重量相同才行。但是，因为水的密度不是无限的，而且不管是多深的海水，就算是在最深处的海水，也不可能把体积压缩到只有正常情况下的1/8。所以说，这个铁球的重量总是要大于它所排出的水的重量的。因此，它会一直沉到海底。如果说往下沉的是战舰，结果也是一样的。"

【解】三个船长和三个委员

我们假设某船的船员委员会委员花的钱是m，他的船长花的钱为w。由题目可以知道，每个船员委员会的委员比船长多花了63个卢布。也就是：

$$w=m-63$$

设这位委员买的奖品数目为n。那么，委员买的奖品数目和他花在每种奖品上的平均钱数是一样的。也就是：$n=\dfrac{m}{n}$，或$n \times n=m$，或$n^2=m$；因此，$n=\sqrt{m}$。

这样的话，我们就知道了这位委员买的奖品数目就是$\sqrt{m}$，而他的船长买了多少奖品呢？应该是 $\sqrt{m}=\sqrt{m-63}$，这刚好就是物品的数目；但我们知道，台球、排球等奖品不可能只买一半或者一部分的，所以说，这些数目必然是整数。也就是说，$\sqrt{m}$ 是个整数，$\sqrt{m-63}$ 也是个整数。根据这个理由，$\sqrt{m}$ 应比 $\sqrt{m-63}$ 多一个整数。

我们设 $\sqrt{m-63}=p$，即 $m-63=p^2$。

方才得出 $m=n^2$，因此：

$$n^2-63=p^2$$

或是：

$$n^2-p^2=63$$

按照我们所知道的代数学平方差公式，即两个数的平方差等于这两个数之和与这两个数之差的乘积，所以，我们可以把上式写成：

$$(n-p)(n+p)=63$$

两个乘数合成了这个方程式的左边。另外，又因为 n 和 p 都是整数，且 n 比 p 大，所以说，第二个乘数的 $(n+p)$ 自然应该大于第一个乘数的 $(n-p)$。

那么，我们需要哪两个整数，才能得出积是63呢？符合这样条件的整数不多，总共是3组，分别是1和63、3和21，还有就是7和9。

因此，如果 $n-p=1$，则 $n+p=63$

$n-p=3$，则 $n+p=21$

$n-p=7$，则 $n+p=9$

从第一式我们可以得出 $2n=64$，即 $n=32$。

从第二式我们可以得出2*n*=24，即*n*=12。

从第三式我们可以得出2*n*=16，即*n*=8。

换句话说，3位委员买的奖品数目分别是32种、12种和18种。

至于各位船长买的奖品，我们前面设为了$\sqrt{m-63}$。但$m=n^2$；若代入已求出的n的数值，我们就可以把各船长所买的奖品数目算出来，即：

$$\sqrt{32^2-63}，\sqrt{12^2-63}，\sqrt{8^2-63}，或31，9，1。$$

题目还告诉我们：朵司科依船长比彼得罗夫少买了11种。比较数字31、12、8和31、9、1，我们可以得出彼得罗夫买了12种，而朵司科依船长买的奖品只有1种（只有这一对数字的差数是11）。

因为伊凡诺夫船长比潘琴科委员少买了23种，所以说潘琴科委员买的奖品就应该是32种，而伊凡诺夫船长就只买了9种。

那么，最终的答案就应该是：伊凡诺夫船长船上的委员是彼得罗夫，菲力波夫船长船上的委员是潘琴科，而朵司科依船长船上的委员则只能是高鲁比。

脚踏车的魔术

一开始的时候，我们打算把"三个船长和三个委员"的故事也当作我们的竞赛题，但后来还是因为这道题目太难而把它给否定了。

老博士建议说:"我们还是跟孩子们讲'脚踏车的魔术'的故事吧。"

我和谢苗诺夫好奇地问:"这是个什么魔术啊?"

"假如说你们有一辆脚踏车,而且它还是双轮的。"老博士开始说他的故事了。

谢苗诺夫说:"事实上我确实是有一辆的。"

"那实在是太好了!这样的话,你自己就可以表演这个神奇的魔术了。先把脚踏车垂直地放在地面上,把它放好而不至于跌倒,但还要能动。再把两个脚踏板分别放在最高点和最低点。在最低点的脚踏板上系上一条长绳子,系好后慢慢拉动那根绳子(图125)。你们可以猜一猜:车子怎么跑,是向前跑还是向后跑呢?"

"那你该站在车子的什么位置——前面还是后面?"

老博士有点犯窘地说:"后面,后面!我刚刚忘了说这一点了。站在车子的正后方,而且绳子是和地面平行着的。"

图125

227

　　"我们怎么可以把这样的题目拿来做竞赛题啊？"谢苗诺夫有点吃惊，"这样的题目，一个3岁的小孩都可以做出来。既然脚踏板是朝顺时针方向转的，后轮的运动就好像有人在上面骑着一样，所以车子肯定是朝前走的啊。"

　　"你敢肯定你的答案吗？"老博士面带笑容地问他。

　　"当然可以！"谢苗诺夫充满自信地说。

　　"好的，既然如此，你就现在回去用实验来验证一下。等你回来了，我们再继续讨论究竟可以不可以把这道题目拿来做竞赛题。"

　　"明白！司令官！"谢苗诺夫敬了一个标准的军礼后，像离弦的箭一般飞快地跑回家。

　　老头对我说："我们也可以找一个不用了的脚踏车来做这个实验验证一下结果。""阿丽法！蓓达！"他朝隔壁房间大声喊着，"麻烦你们给我拿根线过来！"

　　"您要白线还是黑线？"隔壁传过来一个女孩的声音。

　　"随便，哪种线都无所谓。"

　　阿丽法和蓓达，一个人手里拿着白色线轴，另一个手里拿着黑色的线轴，同时跑了过来。老博士把一个线比较少的线轴放在桌子上，然后把线头递给了我。

　　"我们就把这个当作是我们的脚踏车吧。"他说，"看好了，我们是从线轴的下面把线引过来的。你可以尝试着平行地拉动这条线，然后看线轴是怎么滚的（图126）。"

　　我并没有马上就去拉，而是先思考了一下。

图 126

思考过后，我说："应该是向前滚的。"

"好的，那你就拉拉线看吧。"

这个脚踏车魔术，嗯，准确地说是线轴的魔术，让我觉得非常有意思。动脑筋博士给我解释为什么的时候，谢苗诺夫回来了。

"可以，我们完全可以把这个题目当作竞赛的题目！"他一边跑一边说，"不过，我们还要让孩子们在竞赛的时候回答这是为什么。"

"那你自己弄清楚没？"老头儿问他。

谢苗诺夫回答说："弄清楚了。原因是……"

【解】谢苗诺夫看见我们刚刚在桌上做实验的线轴，他拉了一下从线轴下面引出来的线头。线圈不但不是向前滚，而是朝着相反的方向——后面滚动了。

谢苗诺夫说："我们假设线轴的轴半径是 r，再假设轮子的半径是 R。（图 127）"

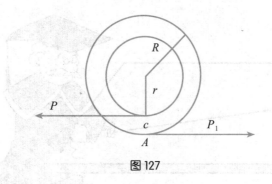

图 127

"线轴这个时候会受到两个不同的力：一个是我把线端平行向左方牵动的力量P；另一个则是由于摩擦而发生于A点的反应力P_1。这两个力的大小是相等的，但方向却是恰好相反的。力P作用的效果是让线轴转动的方向为顺时针方向，而力P_1的效果则是使线轴转动的方向为逆时针方向。但因为力P附着于半径r上，而P_1则在半径R上，半径r小于半径R。所以，力P_1的作用要比P来得小，这也就导致了线圈转动的方向是逆时针的方向了。

"同样的原因，我们的脚踏车的魔术也可以得到证明！"

埃及的僧侣

大家都知道一个很古老的和书蛀虫有关的故事：第Ⅰ、第Ⅱ、第Ⅲ，三册厚厚的《伯莱姆大辞典》放在书架子上，按图128所示的顺序放。如果书前面和后面的硬壳封面纸忽略不计，那么每一本的厚度是7厘米，而每一张硬壳的封面和封底都有0.5厘米厚。一个书蛀虫从第Ⅲ册的最后一页开始，要蛀到第Ⅰ册的第一页。请问这只虫能蛀出多长的隧道？

图128

为什么我会想起这个故事？因为我们的动脑筋博士简直就是个书蛀虫。他实在是读了太多的书——历史呀、地理呀，还有其他各种学科——老天才知道他脑子里面怎么可以装得下这么多东西！他对什么都能提起兴趣来。而且他每次读一本新书，都可以在里面找出新的动脑筋的问题来。

【解】书架上依Ⅰ、Ⅱ、Ⅲ的顺序陈列着三本《伯莱姆大辞典》。我们把这三本书照样排好，就可以发现：第Ⅰ册的第一页紧贴着第Ⅱ册的最后一页，第Ⅱ册的另一面则紧贴着第Ⅲ册的末一页，因此书蛀虫咬破的就只有第Ⅰ册的一个硬封面、第Ⅱ册的全部和第Ⅲ册的一个硬封底。这样的话，计算过程就是$\frac{1}{2}$厘米+$\frac{1}{2}$厘米+7厘米+$\frac{1}{2}$厘米+$\frac{1}{2}$厘米，加起来是9厘米。也就是说，那个书蛀虫所蛀的隧道的总长度就是9厘米！

今天我们去了他家，看到他正在读一本又厚又深奥的书。这本书还不是俄文写的，而是用英文写的。

"这是本什么书啊？"

"这本书是和著名学者亚历山大有关的。公元前100年的时候，他曾经在埃及生活过。"

"那这些图画又是什么呢？"

图129

"这些图画里的内容是他发现的僧侣的秘密。在他们那个年代，埃及僧侣常在他们的寺庙里面搞各种欺骗老百姓的把戏。比如说，当人们来寺庙里面向神像祈祷的时候，只要有人点燃了祭坛里的火，设置在祭坛旁边的两个僧人铜像就会如真人一样往火里面加油，使得火可以烧起来（图129）"。

动脑筋博士把书中的图指给我们看。

"亚历山大就是在告诉人们这两个铜像的构造。让我们再认真地观察这个图画。当祭坛里面有火燃烧起来的时候，为什么液体会沿着两个铜像里面那根隐藏着的管子上升，最后倾注在火焰上面？"

我们正在认真地看那个图画想找出其中的奥秘时，他又把另一种骗人的玩意儿告诉了我们。

"这两扇门也是寺庙里面的。当僧人把门打开的时候，人们就会突然听到一个看不见的喇叭发出来的声音——那声音悠长而又严肃。'这声音是神发出来的！'僧侣们告诉无知的百姓。实际上，他们把喇叭焊接在一个挂在钩子上的器皿的底部。那么，你们知道是为什么吗？为什么一打开门，就会有声音从喇叭里发出来？（图130）"

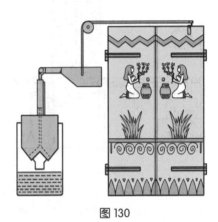

图130

这是一个较难发明的构造。接下来老头又把一个埃及庙宇的"妖术"庙门的图画指给我们看（图131）。

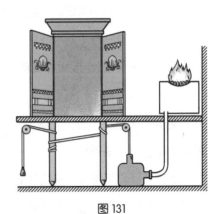

图131

只要僧侣们把供奉神灵的火点燃，门就会自己打开。而一旦把火熄灭，门又会奇迹般地自动关闭。

有一点我没有搞明白，在图画的下面，也就是在庙门的底下，藏着什么东西。

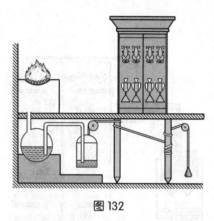

图132

老头儿告诉我说："这是一个里面装满了空气的皮革袋子。这个袋子被僧侣们藏在地窖里面，并由一根管子把这个袋子和祭坛的边缘连通起来。这儿还藏着一个更加狡猾的'怪物'（图132）。你们谁愿意自告奋勇来告诉

我，为什么这些'怪物'可以动？要仔细用心思考，不然的话，哈！我就要去跟你们的物理老师打小报告了。"

还好，最后我和谢苗诺夫都没有给我们的物理老师丢人。

不管怎么说，老头儿对我们两个人的答案还是感到满意的。

他高兴地笑着说："现在我明白了，就算是那些最狡猾的埃及僧人也不可能把你们给骗了！"

谢苗诺夫更正了老头儿的说法，说："那些人太坏了，根本就不是僧侣，而是骗子！"

如果让我们再解释一遍这样简单的题目，那不就是让我们拒绝接受"钥匙"了吗？请你自己开动脑筋想一下吧。

5个湖泊

动脑筋博士找到我们，非常生气地说："你们就这样把我骗了？不是说好了要给我一个逻辑的题目吗？怎么到今天了还没给我拿出来？赶紧给我坐下来把事情解决了。把那个脚踏车竞赛的题目给我弄出来！还有那个，在一次军事游戏里同时收到了5封报告的那道题！"

我问他："那道题我可以稍微修改一下吗？"

老博士说："那当然可以！这样的话就更好了。"

我和谢苗诺夫坐下来开始工作。只花了一刻钟的时间，题目就被我们出好了。

我们在今天的地理课上讲了湖泊这一节。老师把五个湖画在黑板上，并给每一个湖泊编了一个编号，给我们留了个这样的问题：每个人应该把其中的两个湖泊认出来，并在本子上写下它们的名字和号码。等到下课的时候，只有5个人交了卷，而他们每个人的答案都只有一个是对的，另一个是错的。

"彼佳的答案如下：2号是巴尔喀什湖，3号是拉多加湖。"

"科远的答案如下：1号是贝加尔湖，2号是奥聂加湖。"

"丹娘的答案如下：3号是奥聂加湖，5号是贝加尔湖。"

"玛依卡的答案如下:2号是巴尔喀什湖,4号是伊塞克湖。"

"雪丽莎的答案如下:4号是伊塞克湖,1号是拉多加湖。"

"请根据以上的提示,正确地说出来每个号码所对应的湖泊名字。"

老头觉得这个题目相当不错,于是,他给少先队真理报馆打了电话,让他们派人过来取题目。

【解】我们先假设第二个湖泊是巴尔喀什湖。这样的话,第三个湖泊就不可能是拉多加湖,第四个湖泊也就不会是伊塞克湖了。如果第四个湖泊真的不是伊塞克湖,那么第一个湖泊肯定就不是贝加尔湖,而是拉多加湖。如果前面是对的,则第二个湖泊似乎应该是奥聂加湖才对,但这又和一开始的假设不同,因为我们已假定巴尔喀什湖才是第二个了。看来我们错了。也就是说我们的假设是错的,第二号湖不可能是巴尔喀什湖。

根据上面的推导,如果巴尔喀什湖不是二号,那么我们就知道三号必然是拉多加湖,四号也就必然是伊塞克湖了。继续推导下去,三号不是奥聂加湖,那么五号是贝加尔湖就是正确的了。因此,二号是奥聂加湖,一号是巴尔喀什湖。

根据前面的过程,我们可以知道:一号是巴尔喀什湖,二号是奥聂加湖,三号是拉多加湖,四号是伊塞克湖,五号是贝加尔湖。

解绳结

动脑筋博士一边哼着小曲儿，一边在屋子里踱来踱去，似乎在思考着什么。而我和谢苗诺夫、阿丽法和蓓达四个人在下棋，不过大家更关心的还是他唱的歌儿是什么。下面是我听到的歌词：

同行的是一个少年和一个老人，

他们从3点开始走到9点，

不管曾经有多少平地，

他们一起走过。

当他们来到了山脚下，

准备上去的时候——

我没什么事儿，我还是我，

可是这不是问题所在啊！

我实在忍不住了，问他：“你唱的这是什么歌儿啊？”

老博士回答说：“这首歌儿相当奇怪，而且里面还包含着一个需要仔细想过后才可以做出来的充满乐趣的问题。以前有一个叫作查尔斯·路德维希·道奇森的著名的数学家，他给他的侄女儿写了一本叫作《爱丽丝梦游仙境》的书，用的是他的笔名路易斯·卡罗尔。或许你们读过他这本书。”

阿丽法说："这本书我知道。书的开篇，爱丽丝掉到了兔子洞里面；一开始她变得非常高大，和一个大烟囱一样；接下来又变得非常的小，几乎就可以淹死在长大后她的眼泪里面……"

"没错，没错！"我们的老头儿点头称是，"现在有一本叫作《混乱的历史》的书被我找到了，也是这个作者写的。书中的每一章并不是章，而被称作'绳结'。而且每一个绳结都需要解开。刚刚我唱的那首歌，就是里面的第一个错乱的绳结。"

我们一起请求老头儿，让他再读一两段"绳结"给我们听。他换上了一副眼镜（他有着各种各样的不同用途的眼镜：用来散步的、在大学里面戴的、用来看书的……），然后就给我们读"绳结"。

他读的是英文书，但他可以立刻用俄文把书里的内容读出来。

发着艳红光辉的落日已经落下，留下的是夜晚般的黑色阴影。两个赶路人正急急忙忙地走着——他们从山的峭壁往下走，速度是每小时6千米。年轻的那个，轻松地从一个岩石跳到另一个岩石，就像一只羚羊一样，而他的同伴却是在后面吃力地跟着。过了一会儿，年轻的那个开口说话了。

他叹息着说："这个地方真要命！我们现在不用像刚刚那样忙了。"

另一个人一边呻吟一边说："没错，这个地方太要命了！我们上去的时候，走得比较慢，速度是每小时3千米。"

"那我们在平地上走得多快？"年轻的那个问道。因为他的计算能力不好，所以就把这个问题交给了那个年长的同伴。

另一个人非常疲倦，回答道："我们在平路上的速度是每小时4千米。不多一寸，不少一分。"

"我们是3点钟的时候从旅馆出来的吧？"年轻的那个人一边说，一边思考着什么。"不知道我们回去的时候，还能不能吃得上饭，那么晚了，恐怕旅馆的主人不愿意再给我们做饭了。"

年长的那个人一边叹息一边说："只要还能吃上甜点就可以了。我们回到旅馆的时候，应该是9点钟了。今天走的路实在是太多了。"

"我们走了多少路啊？"对知识永远都觉得饥渴的年轻人，开心地问着同伴。

年长的那个人一句话也没说。

他沉思了一分钟，然后说："告诉我，我们是几点钟到达山顶的？时间不用十分精确，只要告诉我大概几点钟就够了。"

他在年轻人的脸上看到了一种为难的表情，他接着加了一句话："精确到半小时就可以了，半小时就够了。这样的话，我可以把我们从3点到9点一共走了多少路精确地告诉你。"

　　年轻人只是给了一个沉重的长叹，这个就算是他的答案了吧。在他的额头上，我们可以看到深深的皱纹和他愁眉苦脸的表情，这也告诉了我们，对于数学，他是有多么的烦恼和苦闷。

　　念完后，动脑筋博士说："这就是第一个绳结。现在请你们拿出纸和笔，我把刚刚的内容再读一遍，你们要好好地记录题目。"
我和谢苗诺夫按他说的做了，我们的笔录如下：

　　从下午3点开始，两个步行者一起步行，直到晚上9点。他们走过的路途有平路，有上山，也有下山。在平路上，他们每小时走4千米；上山的时候，他们每小时走3千米；而下山的时候，他们每小时走6千米。求他们一共走了多少路，以及他们是什么时候到达山顶的（精确到半小时即可）。

　　我们津津有味地做着这道数学题，就好像是小狗在啃骨头，但是却完全没有找到头绪从哪儿开始下手。阿丽法和蓓达也想帮我们，可是她们也是一点办法都没有。估计老博士觉得我们可怜，又把刚刚那首歌儿唱了一遍：

　　同行的是一个少年和一个老人，

他们从3点开始走到9点，

不管曾经有多少平地，

他们一起走过。

当他们来到了山脚下，

准备上去的时候——

我没什么事儿，我还是我，

可是这不是问题所在啊！

在平路上走的时候，他们的速度

是每小时4千米；

上山的时候，是每小时3千米；

下山的时候，是每小时6千米。

所以说，如果要计算上山和下山，

那么我们的两个赶路人，

每小时走的路，刚好是4千米。

我们不关心，

他们花了多少时间看日落。

他们有$\frac{2}{3}$的路程在上山，

而只有$\frac{1}{3}$的路程在下山，

$\frac{2}{3}$的路程速度是每小时3千米，

$\frac{1}{3}$的路程速度是每小时6千米。

谢苗诺夫突然高兴地大叫："啊！现在我明白该如何把这个绳结解开了！"

"小点声！"老博士给了他一个警告，"克制一下自己，让别人多点时间想一下该怎么做。"

【解】在平地上每走1千米路要$\frac{1}{4}$小时，在上山的时候每1千米路要$\frac{1}{3}$小时，下山的时候则是要$\frac{1}{6}$小时。因此，不管他们走的是山地还是平原，每一里路都要往返一次，都要花费$\frac{1}{2}$小时。这样算下来，在6小时里面，他们往返走的路程就应该是12千米。

假设说他们去的时候走的几乎都是平原，那么他们只需要3个小时多一点就可以到达终点；而如果他们走的都是上坡，则差不多要4个小时才能走完12千米路。所以说，如果精确度是半个小时的话，那么他们上山的时间，应该可以算出来是3.5小时。而他们是下午3点出发的，所以说，他们到达山顶的时候，就应该是6点半。

代数、算术和动物学

因为我们的动物课老师生病了，所以动物课就成了我们的自习课。很久以前我们就制定了一个规则：只要有老师不能来的时候，我们就从全体同学中推选一个老师出来，让他和真老师一样给我们上课。这样做很有意思，以至于我们经常会哄闹到校长来了才能制止我们的地步。

今天被大家选出来的人是我。我就往老师的椅子上一坐，装作一副正儿八经的样子，打开点名册：

"茹拉芙科娃，出来，到黑板的前面！"

茹拉芙科娃不仅仅是我们班里聪明的一个，同时也是年龄最小的一个，而打架的时候，她也是巾帼不让须眉，一点也不比男孩子差。

"麻烦你上来在黑板上写下题目。"

"不好意思，老师！"她有礼貌地跟我说，"实在对不起！我们现在不是上数学课，而是上动物课。"

"这道题目和动物学有关。有一次我去参观动物园，看到了如图133所示的动物：斑马、羚羊、仙鹤、独角鱼和蝴蝶。我数了一下：它们的脚一共有34只，翅膀一共有14只，尾巴有9条，角有6只，耳朵有8个——我说的耳朵不包括长在里面的，而是只长在外面的。问题来了：那里的斑马、羚羊、仙鹤、独角鱼和蝴蝶数目各是多少？"

图133

"嗯！"茹拉芙科娃说，"别忘了还有34个脑袋，不然这个题目就做不出来了。让我试列几个方程式，然后再来解答这道题。假定斑马的数目是x，羚羊的数目是y，仙鹤的数目是z，独角鱼的数目是u，蝴蝶的数目是v。这样，我们就可以把第一个方程式写成$4x+4y+2z+6v=34$。"

"喂！你怎么忘了还有触角啊！"后面的一个同学向黑板前面的茹拉芙科娃大声地喊着。

"别忘了独角鱼是不长脚的。"茹拉芙科娃充满自信地说，"现在该把关于翼的方程式给列出来了。还是把它说成是关于翅膀的方程式吧，这样应该会好一点？"

"你喜欢就好，只要能正确地列出方程式就可以了。"

她继续在黑板上写下：

$$2z+4v=14$$

"接下来的是关于尾巴的方程式$x+y+z+u=9$。"

"接下来该把关于角的方程式列出来了。苏尔卡先生，想必你是认为独角鱼是有一只角的，其实这不是什么角，而是它的门牙，而且它还有一颗没有发育成熟的门牙，所以应该一共有两颗。但是，既然我们平时都叫它'独角鱼'，那我计算的时候，也把它当作一只角的动物吧。那方程式应该是$2y+u=6$。"

"最后，要列出和耳朵有关的方程式$2x+2y=8$。"

茹拉芙科娃把五个方程式弄成一个整整齐齐的表，而且设了5个未知数。

脚	$4x+4y+2z+6v=34$
翼	$2z+4v=14$
尾	$x+y+2+v=9$
角	$2y+v=6$
耳	$2x+2y=8$

她看了一下自己列出来的表，思考了一下，转头跟我说：

"苏尔卡先生，我可不可以不用代数的方法解答？我觉得算术的方法就足够解答这道题了。"

"好的，随你喜欢，能解出来就行。"

"让我从耳朵开始算起。除斑马和羚羊外，这些动物都没有耳朵。斑马和羚羊的耳朵都各是两只。显而易见的是，斑马与羚羊两种动物加起来一共是4只。如果说里面只有一匹斑马，那么羚羊的数目就有3只，但这明显是不可能的。"

"你凭什么这么肯定？"

"从角的数目上我们就可以看出这个结果。如果说有3只羚羊，那么就一共有6只角，可是题目里面说了羚羊和独角鱼加起来才一共是6只角。所以说，斑马不可能只有一只。假设有两只斑马，那么，从题目中以及耳朵的数目上我们可以得出羚羊的数目也是两只。这样的话，羚羊的角的数目就是4，那么就有两只独角鱼的角。换句话说，我们知道了独角鱼一共是两只。让我们再来算一下尾巴：两只斑马的尾巴，两只羚羊的尾巴，还有就是两只独角鱼的尾巴，而加上了仙鹤的尾巴的数目的话，应该是9只；那么，仙鹤的数目就是3只。嗯，算到这里应该还没有出问题。"

"没错。"我肯定了她的计算，"再往下算算吧。"

"如果说仙鹤的数目是3只，那么它们就一共有6只翼。而仙鹤加上蝴蝶一共有14只翼，换句话说，蝴蝶的翼的数目是8只，所以蝴蝶就应该只有两只。好了，我已经把结果算出来了。"

"用脚的数目来检验一下你的计算吧。"我给茹拉芙科娃提了个建议。

"8只斑马的，8只羚羊的，6只仙鹤的和12只蝴蝶的，没错，加起来刚好是34只脚！"

"非常好！"我赞美她说，"应该同时在算术和动物学上给你一个荣誉徽章作为奖励。你是我看到的第一个知道蝴蝶的脚的数目和独角鱼的角的数目的女孩子！"

校长又习惯性地把他的头探了进来。

"哦！"校长有点惊讶地说，"你们班今天实在是安静啊！你们现在上的是什么课啊？"

同学们一起喊出了各种声音：

"代数！"

"算术！"

"动物课！"

【解】茹拉芙科娃给出的计算和答案都是正确的。犯错误的确实是我了。当我把这个题目写出来的时候，我被"独角鱼"这个名

词弄糊涂了，独角鱼没有角是我没有想到的，我们说的独角鱼的
"角"，只是它的一枚门牙。

承认这一点是难过的

谢苗诺夫老是忘了关门，所以我到的时候门是敞开的。我走了进去，看到的场景是这样的：一个水桶放在地板上的一大片水中，而在旁边放着另一个小一点的桶。谢苗诺夫在那儿蹲着，一个一个地把脚踏车的钢珠往小桶里面放。从他的样子可以看出来，他正干得专注。

我见状立马叫了出来："你这是在干什么？弄了那么大一摊水！"

谢苗诺夫回答我："没事，我脚上穿好了鞋套。"

他站了起来，一边摇头一边说："一点也搞不清楚，搞不清楚！"

"发生了什么？"

他反问了我一句："阿基米德原理，你应该还记得吧？"

"应该是记得的。好像是：一切在水里面浮着的物体所排出的水的重量，和浮着的物体的重量是刚好相等的。"

"你敢肯定这个原理是正确的？"

"当然可以！"

247

"那么，好，你看好了。我注入一玻璃杯的水在这个大的空水桶里面。现在我把这个较小的桶往大桶里面放，把钢珠也往小桶里面放。你看好了，装着钢珠的小桶在大桶里浮了起来。只有小桶的上段是在水的外面露着的，而且水在两个桶壁之间的那一层是极薄的。"

"这又如何？"

谢苗诺夫从水里面把装着钢珠的小桶给取了出来，往我的左手上放，然后又小心翼翼地把大桶里的所有水往玻璃杯里倒，倒好后把它放在我的右手上。

他郑重地对我说："这个事实无法推翻！一个沉重的水桶在水里浮着，可是它排出的水的重量却不到200克！"

有一个古老的乌克兰游戏，我估计大家是知道的。

"我们是一起去的吗？"

"嗯。"

"有一件皮袄被我们找到了？"

"是的。"

"又一起去了酒店，是吗？"

"是的。"

"有没有喝烧酒？"

"有。"

"我是不是感觉到热了？"

"嗯。"

"我把皮袄脱了？"

"嗯。"

"把它给了你？"

"是的。"

"它跑哪儿去了呢？"

"啊？"

"皮袄！"

"哪件皮袄？"

"哪件皮袄！难道我们不是一同去的吗？"

"是一起的。"

"不是找到了一件皮袄吗？"

"找到了。"

他们的对话就这样一直持续下去。而我们今天的谈话也差不多类似。

"有多少水在我们的大桶里？"谢苗诺夫问。

"一玻璃杯。"

"是200克吗？"

"是200克。"

"装着钢珠的小桶是不是更重？"

"更重。"

"至少有2千克●吧？"

"对。"

"它是浮在水面上的吗？"

"是浮在水面上的。"

"它不是应该和它自己排出的水的重量相等吗？"

"没错。"

"也就是说应该是2千克？"

"2千克。"

"可要是没有呢？"

"没有什么？"

"没有2千克的水！"

"什么水？"

"什么水！我们大桶里有多少水？"

"200克。"

"小桶是浮在里面的吗？"

"是浮在里面的。"

"那么它排出的水应该是多少呢？"

"2公升。"

"从哪儿排出？"

"从大桶里。"

● 重量为2千克的水，它的体积应该是2公升。

"大桶里的水一开始是多少？"

"200克。"

"那么，这证明了阿基米德是错的吗？"

"为什么？"

"为什么！这小桶是浮着的吧？"

"是的。"

我没有办法解释谢苗诺夫错在哪儿。但我知道，他的实验里是有问题的，只是我一直找不到问题所在来帮他修正。

我跟他提了一个建议："看来，咱们还是去找动脑筋博士帮忙吧。"

我们去找了动脑筋博士，并告诉了他整个经过。他听完后笑得前仰后合，只花了两分钟，就让我们知道我们是错的，对的是阿基米德那个老头儿。然后，他把谢苗诺夫从头到脚仔细端详了一遍，跟他说：

"小朋友，你没有必要感到难过。我也有过和你一样的情形。对于一个最平常而又普通的问题，脑子突然之间就理解不了了。在这样的情况下，你就会知道自己所知的世界是多么小，还需要加强学习才行。而且你学到的东西越多，越会感受到'我怎么什么都不会。这个也不懂，那个也搞不清。这件事并未彻底弄清楚，还需要加强学习'。承认这一点是让人感到难过的，但这就是科学：在科学的海洋里浮沉终生，而它的边岸，却不知在何方。"

【解】这个问题就出在谢苗诺夫弄错了"排出"两个字的意思

上。其实，阿基米德的意思是：当一个物体在水里浮着的时候，因为这个物体有一部分是浸在水中的，所以水面会形成坑一样的形状。假如现在我们把物体从水里取出来，使刚刚水面形成的那个"坑"继续保留，而再用其他的水填满这个"坑"。那么，我们填入所用的水的重量，和刚刚浮在水面上的物体的重量是相等的。

所以说，水桶里有多少水对这个没有影响。还有一点，我们可以肯定：当你在大桶里放小桶的时候，因为两个桶壁之间的水位会马上上升很多，所以会有一个非常大的"坑"形成。为了填满这个"坑"所需要的水的重量，就和刚刚你放入的小桶加钢珠的全部重量相等。这其实才是阿基米德原理的意思。

又是阿基米德

动脑筋博士面带愧色地跟我们说："前不久，我曾经被一件相当简单的事情给弄糊涂了，以至于今天跟你们提到这件事，都让我感到了羞愧。有一个学生来我家，还做了一个实验……最好是我们现在可以再做一遍。这个小伙子的全部'道具'都还在我家里。"

老头儿从柜子里取出一个极大的玻璃容器，大到可以养鱼了。

"孩子们，看见了吧！在容器的壁上，以厘米为单位画着刻度。有一点你们必须牢记：这个容器的每一个刻度和一公升水是相当的。"他往里面注了刻度为"10厘米"的水。然后，又把一个小型的圆柱形的玻璃筒从刚刚那个柜子里取出来，上面刻着同样的刻度（图134）。

他说："请记住，这个圆筒的每一刻度和半公升水相当。现在请你们仔细观察：容器里的水面刚好到第10个刻度。现在我在容器的水中放上圆筒，使

图134

得圆筒的第4刻度刚好和容器的第10刻度的底重合。这样的话，圆筒下端的边缘就会和容器的第6刻度重合。请问，圆筒的4厘米排出来的水有多少？"

谢苗诺夫回答说："2公升。"

"这也是我跟那个学生说的答案。可是他却说：'但这2公升水会发生什么呢？如果说圆筒上段露出水面的部分实际上完全是在水里面浸着的，那么这2公升的水就会自然而然升到12厘米处。可是因为圆筒的上段有一部分是露着的，它占据的位置是10到12刻度之间的一半的空间。所以，那里能容纳的水只有1公升。那么，还有1公升呢？'苏尔卡，你对这个问题怎么看？你是如何看待第2公升水的？"

我回答说："还会继续上升。"

"上升到哪儿？"

"如果没有圆筒，应该是上升到13刻度的位置。"

"那要是有圆筒呢？"

"那样的话，在12和13刻度之间的空间只够容纳半公升的水，剩下的半公升则会升到13刻度半的位置。"

"这个说法是有圆筒的情况下吗？"

"不，这个说法是没有圆筒的。"

"那要是有圆筒又会怎么样？谢苗诺夫，你来回答。"

谢苗诺夫的双眼正在不停地眨着，看起来他已经晕了。

"如果有圆筒……如果有圆筒……这样的话，在容器里的水会不停地往上升！一开始是两厘米，接下来……接下来是一厘米，再接下来是 $\frac{1}{2}$ 厘米，再接下来就是 $\frac{1}{4}$ 厘米，再就是 $\frac{1}{8}$、$\frac{1}{16}$、$\frac{1}{32}$……这估计是要没完没了下去了！"

老头又找到了我，问我："你呢，你觉得会怎么样？"

我仔细算了一下，发现谢苗诺夫才是对的！

"没错，水位会一直往上涨，一直到容器的边缘，甚至一直到流出来了才停止。"

"我的学生和你们犯了相同的错误。"老博士说，"还有一点我要承认的是，我花了整整半个小时，也没有找到他的问题在哪儿！这也就是为什么我今天提到这件事还感到羞愧。"

【解】事实上，在我们的实验里，玻璃容器中的水上升到第14刻度就停止了。

"那不可能的！"老博士说，"你说水将不停地上升，这里面有一个很大的问题。$12+1+\dfrac{1}{2}+\dfrac{1}{4}+\dfrac{1}{8}+\dfrac{1}{16}+\dfrac{1}{32}\cdots$，这样加起来的和是永远也不会比 14 大的。在这种情形之下，数学家们会告诉你这些无穷的加数的和等于 14。"

"为什么是'等于'呢？"谢苗诺夫不解地问，"不管有多少个加数相加，它们的和肯定是会比 14 小的啊！"

"你说的没错。但是因为我们可以不断地往上加新的加数，所以，这些加数的和与 14 间的差数就会被一直缩小，直到小得连一点意义都没有。而且就算到那时候，我们仍可以继续加新的数，趋近于无穷。"

"妙！巧妙极啦！"

最近，动脑筋博士总是觉得自己的知识不够。估计是那本英文的"绳结"让他大伤脑筋的缘故吧。那本书被我偷偷藏到了百科大辞典中间，以免老头看到的时候又徒增伤感之情。但是，他的情绪却总是不怎么好，一天到晚都在用一些最坏的名字来称呼他自己。

可以说是费了九牛二虎之力，我们才让他和我们一起出去散步。路上我们遇到了一个大的建筑物，有成堆的四边形的木块堆在一个栅栏里面。这些木块的形状和大小相同——但既不是长方形也不是正方形。（图 135）有个工人正在把它们用铁铲往一辆载重汽车上装。

图135

老博士走上去，把其中的一块拿在手里。

他感叹说："这木料太好了！"

工人点头表示赞同。他说："那是肯定的。不过，可惜的是这么好的木料还是拿去当柴给烧了。"

老头儿不解地问："你们不是拿这些木料来做材料的吗？"

那个工人听到老头的话后笑了，他说："你觉得这些木块可以用来做什么？难道你对它们的怪样子熟视无睹吗？"

"可是它们的大小和形状是完全相同的啊！"

"这又能说明什么？"

老博士说："让我好好想一下。"

雪已经开始融化了，虽然太阳如同春天一样照耀着大地，但还是让我们感到有点冷。

老头儿把我们招呼过去，说："走，我们可以去办公室里坐坐。"

我们去了一间拥挤的办公室，里面有三个正敲得起劲的打字员和几个正在忙着打算盘的会计。他们的目光让我们感到有点不舒服，但老头却对这些一点也不介意。他拿出来铅笔和记事本，在一张没人的桌子前坐了下来。

他说："现在我们就开始证明，只要是有着相同形状的四边形木块，就可以用来拼成木地板。"

很快，他的记事本上就满满的都是图画和字母。还没有过去5分钟，老头就高兴地跳了起来，还大声地喊着：

"好的！快过来看吧！哪里可以找到你们的建筑部主任？"

人们朝着一扇没有上漆的三合板门指过去。

一个胖胖的人出来问我们："请问你们有什么指教？"

老博士跟他解释，告诉他完全可以用废弃在院子里的那些木块来做地板。而且是可以用来铺装任何大小的地板，只不过可能要加宽一下墙角板，把它们突出来的尖端给掩盖住。这位主任看来对这个相当感兴趣。他把老头儿的话听完后，马上就跑出去让工人们停止把木料装去当柴火。他紧紧握着老博士的手，表示深深的感谢，说："实在是太感谢您了！您帮我们节省了非常多的优良材料。我们再次把最诚挚的谢意送给您！太棒了！您说的那些话，简直是棒极了！您这样的人，才是真正的学者啊！……"

老博士把之前的烦恼全抛诸脑后了，好像长了翅膀一样，飞一样地回家了。他还差点就在路上跳了舞。他一边用两个手指打口哨，嘴里一边不停地重复着："棒极了！简直棒极了！"一路上，他还给我们出了花样繁多的题目，只好在下一章里说了。

【解】"能不能把你在办公室画的图给我们看呢？"我和谢苗诺夫请求动脑筋博士。

"没问题，我非常乐意。这是第一张图。"他说。

只有一张小图画在那儿，有两个图画在另一页，但其中一个被他划掉了（图136）。

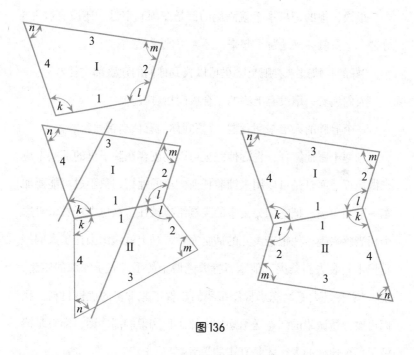

图136

"你为什么要把这个划掉呢？"

"你们等会儿就知道为什么了。"老头儿说，"Ⅰ、Ⅱ两个四边形相同的一边被我拼到一块。有两种方法可以做到，但第一个方法，我马上就发现那是行不通的，所以我选择了第二个。你们能看出来这两种拼法的区别在哪儿吗？"

"能看出来。"我回答说，"那一种被划掉的方法，两个四边形就好像在照镜子一样：k角和k角相邻，l角仍是与l角相邻。而在方法二里，一个四边形被你给调转过来了，使得与l角相邻的是k角，使l角与k角相邻了。"

"完全正确！"老头儿表示赞同地说，"接下来我们该拼第3个四边形了。这下简单得多：Ⅲ与Ⅱ两形之间也是有一个边是相同的，我们假定它是边2。这儿，要把第三个四边形安放到第二个的旁边了，我又可以有两种方法。"

老头儿把这页翻了过去——我们又看到一个被划掉的图（图137）。

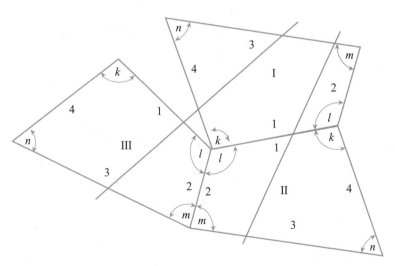

图137

谢苗诺夫说："你是又打算让不相同的角相邻吧。"

"是的，完全正确。好孩子，你们实在是太聪明了。"老头一边夸我们一边说。"你们很快就会知道，为什么我好像是在做没有必要的事情——翻来覆去地弄四边形。现在，有 k、l 和 m 三个角在这三个四边形相交的那个点上（图138）。我还有一个空余的角度位置留在板 III 的线 3 与板 I 的线 4 之间，我打算把板 IV 给插到这儿来（图139）。它的 3 与 4 两条边，也是同板 III 和板 I 的 3、4 两边完全相同的。但这不是问题之所在。问题是板 IV 的 3、4 两边间的 n 角，能不能和我们空余的角度完全吻合。喂！苏尔卡？"

"必然是可以完全吻合的。"我回答道。"因为任何一个四边形的四个角加起来的度数和四个直角加起来是一样的。我们在前面已

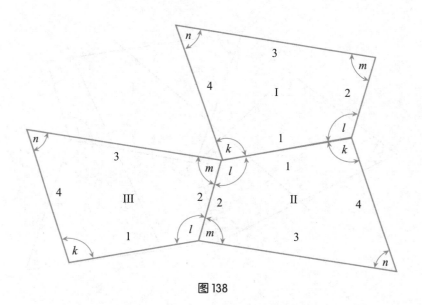

图138

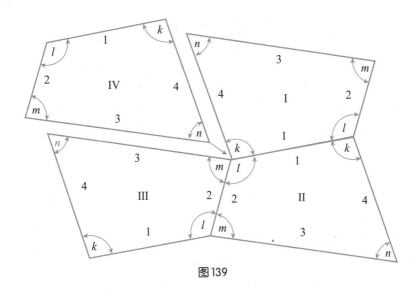

图139

经在同一个点上有 k、l、m 三个角了，只需要第四个角就可以凑足四个直角的和了。因为空余的这个角的度数刚好就是角 n。"

"没错。"老博士说，"所以我就可以把第四块板给拼上去，这样，我就把四个四边形拼成了一个平板（图140）。"

"接下来还要证明的是，我们可以把这些四块板合成的平板给拼起来。"

"这其实非常简单，都不用怎么想。这块平板就是由四块四边形合成的。我把它的轮廓用铅笔画了下来，并摆端正：平板 A 的边2和边4恰好与平板 B 的边2和边4完全相同；而它们之间的角（$m+n$）也完全可以把整个空余的位置填满，因为这儿也同样有 k、l、m、n 四个角在一个点上（图141）。"

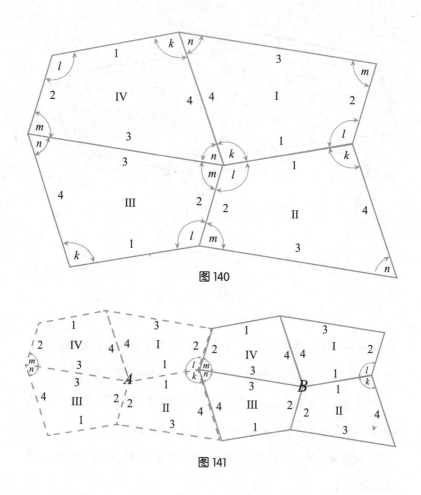

图 140

图 141

"现在应该知道了，只要这样一直排下去，我们就可以用这样的平板拼出一个非常长的板带。同样的原因，我们可以把平板往两边的方向排列，这样就可以把它拼出一个宽阔的大块。所以说，我们完全可以用这个四边形的废木料来铺地板。"

老博士停顿了一下。

他问："现在，你们应该知道为什么要把那个方法删掉了吧。告诉我，为什么我只能用第二种方法来铺这些木块？"

谢苗诺夫回答说："你这样做是为了让四个角刚好能聚集在拼起来的四块板的中心点上。"

从办公室到家里

我已经记不清楚了，动脑筋博士起码在办公室到家的路上给我们出了20个题目吧。我们刚经过那个木块旁边的院子时，突然，他捡起地上的一块砖头说："砖头的重量等于一斤又半块砖头。那么，砖头的重量是多少？"

然后有一个像一根电线杆子一样高高的个子的石匠朝我们而来。

"嘿！个子真高啊！大家说他是'一个半伊万'，看来是说对了！有意思的是，他是吃什么长大的啊——不会真是吃竹竿吧？"

老博士转身喊住了石匠："老兄！麻烦你停一下。你知不知道，如果说让你徒步绕地球一圈，你的脚比你的头少走了多少路吗？"

那个石匠停下了脚步，回过头来，一边笑一边说：

"多的去了。你可以自己算一下，看到底是多了多少。"

"是可以算出来的。"老博士接着问他，"那么，你能告诉我你准确的身高吗？"

"恰好是两米高。"

"光脚还是穿鞋？"

"光着脚。"

"那好的，我立刻就去算出来。"

接着，我们又刚好路过了一幢高高的房子。

"我有两个学生住在里面，他们都是工程师：住在六楼的是彼得罗夫，住在三楼的是库洛奇金。"动脑筋博士说道。

突然，他问了我一个问题："彼得罗夫住的地方比库洛奇金住的高了多少倍？"

我还没来得及说答案，他又接着说："这幢房子已经非常旧了，里面没有安装电梯。有一次偶然的机会，我们数过：上到彼得罗夫的房间有100级楼梯。"

突然，他又问我："那么，要多少级台阶才能到库洛奇金的房间呢？"我们又走了一会儿，老博士又问："我有两个学生，一个小名是索巴奇克，另一个叫哥什克，也住在这座房子里。四楼住的是哥什克，而索巴奇克住的地方要高一倍。"

谢苗诺夫问："那是在第几层？"

"让苏尔卡回答你这个问题。"

对于这些"行军式"的题目（之所以被我们称作是行军式的，因为我们必须在路上算出来），谢苗诺夫非常拿手。而我呢，当然，老是会出现问题。

只需要两步路我们就到家了。老头儿把他的表掏了出来，问：

"谢苗诺夫，现在几点了？"

谢苗诺夫回答说："还差6秒4点。"

老博士说："我的表现在是4点过4秒。这两只表太差劲了！我们不是在中午12点鸣汽笛的时候刚刚一起校对过表吗？我的表一小时要多走1秒，而你的表每隔两个小时就要少走3秒。有意思的是，我们两个人的表要什么时候才能指着同一个时间啊？又要在什么时候，它们才能一起指出准确的时间啊？"

他一边想，一边上楼梯，以至于都忘了跟我们道别。望着他离去的背影，谢苗诺夫说："看来我们的博士的病已经痊愈了。"

"是的，痊愈了！"

【解】一个半伊万

我们需要计算的是两个圆周长的差。假设石匠的身长是A，他用脚绕地球一周走路时的直径是d。那么，他的头部所画的圆周的直径将为$d+A+A=d+2A$，没错吧？

这样的话，他用头部画出的圆的周长，则应该是：

$$\pi(d+2A)，或 \pi d+2\pi A$$

而他用脚画的圆的周长，则应该是：

$$\pi d$$

接下来我们做减法，可以得出结果：两个圆周长之差为$2\pi A$。另外，我们知道A等于2米。

也就是说，如果这位高个子石匠步行绕地球一周，他的脚要比头少走4π米的路程，即少走12.566米，或者说是路程少了12米56

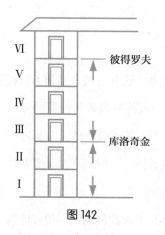

图 142

厘米6毫米。准确得吓人!

而最有意思的是,地球的直径对这个问题没有任何影响。假如这位高个子绕月球一周或是绕足球或苹果一周,他的头一样也要比脚多走12米56厘米6毫米的路!

【解】这房子里住着两个工程师。

彼得罗夫住的地方比库洛奇金不是高一倍,而是一倍半,因此,到库洛奇金的房间不是50级楼梯,而是40级(图142)。

【解】这些表真糟糕!

我们假设 x 是从第一次对表的时间起到下次两只表指着相同时间所需的钟点数。如果说这两只表再次指出的时间相同,则需要谢苗诺夫和老博士两人的表的误差加起来一共有12个小时(或43200秒)。

在 x 时间内,谢苗诺夫的表将慢 $\frac{2}{3}x$ 秒,而老博士的表将要快 x 秒。所以有方程式: $x+\frac{2}{3}x=43200$ 秒。得出 $x=17280$ 小时,也就是720个昼夜。

又因为如果要谢苗诺夫和老头儿的表再次指出准确的时间,则必须是老博士的表跑快了12小时、谢苗诺夫的跑慢了12小时。经过计算,我们知道,在43200小时之后,也就是1800个昼夜之后,老头儿的表才能跑快12小时;要在 $43200\times\frac{2}{3}$ 个小时,也就是1200

个昼夜之后，我的表才走慢12小时。

结果显而易见了，经过3600个昼夜之后，他们两个人的表才会再次同时指出准确的时间，这居然要10年之久！

春天来了

春天又是悄无声息地到来了。就在几天前，我和谢苗诺夫，还有一个大孩子在河边谈话的时候，顺流而下的还是成片的冰块。我们站在桥上看融化的河冰，突然，那个大孩子说了一句："大家都在说河里面的水不会再继续上涨了。可是，事实却是，谁也不知道还会有多少水增加，如果说所有的冰都融化了的话。"

谢苗诺夫说："两年前，我就做过一个类似的实验。我把一块冰放在水桶里面，然后再往水桶里注水，直到水满到了桶边。当时我觉得，如果所有的冰块都融化了，一定会有很多水从桶里面溢出来。"

谢苗诺夫的性格我太了解了：只要你在他面前提起某个有意思的问题，他马上就可以举一反三地想到很多类似的事情。

谢苗诺夫接着说："不知道你还记不记得，去年的时候，我给你出的那个让你想了很久的'梯子'的题目？"

没错，那个题目还是很有意思的！去年有一次，我和他一起来到一个码头。有一艘新的叫作"摩尔曼斯克"号的轮船停在那儿。我们只是看了它一会儿，就离开了码头。

突然，谢苗诺夫对我说："刚刚又有一个题目出现在我脑海里。你应该看到了吧，有一架梯子吊在轮船边上，而且它的最下面的四级是在水里面浸着的。每一级梯子的板的厚度是5厘米，每两级梯子之间相差25厘米。潮水以每小时40厘米的速度往上涨。那么请问，过了两个小时，又会有多少级梯子浸在水里面？"

我说："让我算这道题，那么，你必须先明确地告诉我，梯子浸没在水里的部分到底是多少——是只浸没了最下面的四级呢？还是把第四级和第五级梯子之间的空间也给浸没了？"

"就当作是一分一厘也不差，刚好把第四级给浸没了吧。"

"潮水是一直都在上涨的吗？"

谢苗诺夫回答说："潮水是一直都在上涨的。"

【**解**】估计是我想得时间太长了，谢苗诺夫已经不耐烦了，他等不下去了。

"得了吧！"他说，"反正你是怎么也不可能算对的。潮水上涨的时候，轮船的位置也是跟着一起上涨的，所以梯子的位置也就随着轮船一起往上涨了。这下你明白了吗？我刚刚完全是在骗你呀！"

"马乌龟" 和 "乌龟马"

谢苗诺夫的叔叔在奥卡居住，我们今年去他那儿做客去了，而没有去参加少年夏令营。因为我习惯在海里面游泳，所以一开始让我去河里游泳的时候，我感觉很不习惯。让我不解的是，我们在海里游泳的时候为什么可以张开眼睛，而在河里游泳的时候如果张开双眼，会感觉到好像河水会"吃"进了眼睛，让你感到非常不舒服。按理说，海水是咸的，而河水是淡的，感觉应该是相反的才对啊。

这一点我们很快就适应了。我们每天做的事情就是游泳、钓鱼和晒太阳。一开始的时候，我们把敬爱的动脑筋博士和他的两个孙女儿也给忘了。但是因为今天发生了一件奇怪的事情，让我们两个好像一开始约定过的一样，一起坐下来写信。

我好奇地问谢苗诺夫："你给谁写信？"

"当然是写给动脑筋博士。你呢？"

"我和你一样。"

"既然这样，那就让我们一起写吧。"

他所说的"一起"写，就是他负责在床上躺着拟稿，而由我来负责写。事实上，他在床上胡闹捣乱比他拟的稿子要多得多。

我写道："敬爱的动脑筋博士！"

谢苗诺夫提醒我："你把阿丽法和蓓达给漏了。"

我把阿丽法和蓓达也加了上去。"我们今天去了趟辛尼奇金。刚好这里有个老头儿要驾马车去那儿，所以，我们是搭了他的马车从这里的雪尔诺格到辛尼奇金的。我们估计他的马已经1000岁了，因为它走路的速度和乌龟一样慢。谢苗诺夫说这是一只历史上没有记载的新动物，叫'马乌龟'。它永远都是在以不变的速度前进，不会快一步，也不会慢一步。谢苗诺夫让我用'慢度'替代

'速度'两个字，但我没有答应他，因为'速度'两个字，我们可以在科学的名称里找到，而'慢度'，估计就算是物理学里面，我们也找不到它。

"走了好长一段时间了，谢苗诺夫把表拿出来看了一下。

"'我们已经在路上花了20分钟了。'他说，'老伯伯！我们应该是走了很长的路了吧？'

"'小朋友，我们走的路刚好是从这里到美逊莱的路的一半。'老头儿回答说。

"老头的家就在美逊莱。我们没有在那里停留，只是喝了一杯牛奶以后，就继续前进了。我们继续前进了5公里，我又问老伯伯，还有多远的路我们才能到辛尼奇金啊。他给出的答案与刚刚一样：'小朋友，我们走的路刚好是从这里到美逊莱的路的一半。'

"一个小时过后，我们的'马乌龟'（在我写信的时间里，谢苗诺夫又发明了一个叫作'乌龟马'的新名词）终于把我们带到了辛尼奇金。我们马上决定告诉你我们这次旅行的经过。请让阿丽法和蓓达来解答这个题目。"

写完后，我读了全文给谢苗诺夫听。他说：

"你把题目里的问题是什么给漏了。"

然后我又加了一行话：

"问：从雪尔诺格到辛尼奇金的路程是多远？"

【解】收到信的那天，阿丽法和蓓达就给我们寄了回信：

"你们前进了20分钟，老伯告诉你们说，你们走的路刚好是从这里到美逊莱的路的一半。也就是说，你们需要花费一个小时才能从雪尔诺格到美逊莱。"

"从美逊莱出发，走了5千米，老伯告诉你们还剩下$\frac{1}{3}$的美逊莱和辛尼奇金之间的距离。然后你们又花了1个小时就到了辛尼奇金。所以，你们从美逊莱到辛尼奇金一共花了3个小时。而你们的整个旅程，从雪尔诺格到辛尼奇金一共需要4个小时。"

"你们花了1个小时从美逊莱到辛尼奇金。所以说，剩下的$\frac{2}{3}$的路程，也就是5千米，你们的'乌龟马'带着你们走了两个小时。因此，4个小时你们可以前进10千米。这也是雪尔诺格和辛尼奇金之间的距离。哈哈！你们的耐心真是足啊。换成我和蓓达，我们早就下来选择自己走过去了。"

"可是，他们永远也不会有机会见识这历史上没有记载过的'新动物'了。"看过了信之后，谢苗诺夫如是说。

一封绝望的信

谢苗诺夫一边喊一边跑进来说："这封信太让人绝望了！阿丽法和蓓达给我们寄来了正确的答案，只不过那个老头自己又开始发神经了。"

"发生了什么？"

"你自己过来看看，他坚信他自己是一个不学无术的人。而且还毅然决定要回学校去，可以说他现在是想着从幼儿园开始重新念起。"

我把老博士的信从谢苗诺夫手里接了过来。

　　我亲爱的孩子们！你们可以从阿丽法和蓓达给你们寄的答案里面看出来，她们两个人都是相当不错的。而那只小猫，也就是谢苗诺夫让我养的那只，在这儿有足够多的老鼠给它吃。因为莫斯科的夏天过于炎热和干燥，所以我只好向一些家庭主妇们学习，在头上搭着一条湿毛巾，想通过水的蒸发来吸收一点热量。当我略微感到自己是清醒的时候，我就越发地觉得自己是多么的不学无术和一无所知。在我整整80年的生命里，为科学贡献了整整60年的时间，到最后得出的却是这样的一个结论——这太让人感到心酸了。

　　昨天再次证明了我的头脑是多么糟糕。阿丽法和蓓达拿着两个大小相同的玻璃杯到我面前——一个杯子里装着清水，另一个装着蓝墨水。

　　她们说："两个杯子里不同液体的体积是完全相等的。现在我们取一滴墨水出来，把它从蓝墨水的杯子里往清水杯子里滴。然后再取出一滴清水，把它从清水杯子里往墨水杯子里滴。这样的话，又恢复了两个杯子相同的液体量。"现在，她们给我留了个问题，"是水里面的墨水多，还是墨水里的水多？（图143）"

那么简单的问题，我居然没有做出来！我们可以立刻就用数学把它计算出来。我现在就把它寄过来给你们。但她们两个人却说这里根本就不用数学！"你用逻辑的方法就可以做出来。"可是我却是毫无头绪！难道是因为太热了？我尝试过把香水倒在手帕上，这样可以蒸发得更快，让我感觉到更凉快。可是我的头也被这过强的香水味道刺激到晕了。

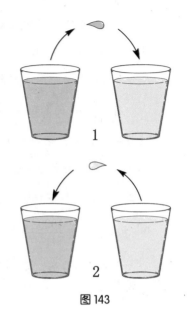

图143

简而言之，我已经做出了最大的决定：我要趁早回去念书，而且是小学校，越早越好！现在，麻烦你们先把一个比较困难的题目给我寄过来，让我再试一试。

【解】下面的答案，是我们那个可怜的老头儿寄来的：

假定有100mL的蓝墨水在第一个杯子中，100mL的清水在另一个杯子中。再假设我们由第一个杯子中注入第二个杯子中的墨水是10mL——这样比较好计算那不定量的"水滴"。

把第一次转移完成之后，只剩下90mL墨水在第一杯中了，而在第二杯中，则有100 mL 水 +10 mL 墨水。

然后从第二杯的混合液中取10 mL 滴入第一杯。

有 $\frac{100}{11}$ mL 的水和 $\frac{10}{11}$ mL 的墨水在这 10 mL 混合液里。这样的话，第一杯内的液体就会变成90mL墨水 $+\frac{10}{11}$ mL 墨水和 $\frac{100}{11}$ mL 水，或者 $\frac{1000}{11}$ mL 墨水和 $\frac{100}{11}$ mL 水；而第二杯中则是剩下 100mL 水 $-\frac{100}{11}$ mL 水和 10mL 墨水 $-\frac{10}{11}$ mL 墨水，或是 $\frac{1000}{11}$ mL 水和 $\frac{100}{11}$ mL 墨水。

结果显而易见，第一杯内的水和第二杯内的水量是相同的。

下面的答案是阿丽法和蓓达给出的：

我们不用算就可以得出答案。根据题意，不管互相倾注了多少次（多少次都无所谓，也可以是1000次），两个杯子中的液面依旧是同样高的。但在第一杯中墨水的数量被水替代了，所以墨水的数量是减少了。水是从什么地方来的呢？是从第二个杯子转移来的。但两杯的水平仍然保持不变。由此可见，由第一杯倾注过来的墨水占有了从第二杯水中取走的水的位置。改变的只不过是一部分的水和一部分的墨水的位置，而保持不变的是第一杯中的水和第二杯中的墨水的数量。

#

我和谢苗诺夫想了很长的时间，也没想出来该寄个什么样的题目给博士。你们可以想象，炎热的莫斯科，可怜的他在屋里用一块湿手巾蒙着头，应该是只穿了一条衬裤吧，自己一个人在他那把巨大的圆椅上坐着——在我看来，就和一幅《大人国游记》里的怪图画一模一样。

我说："我们应该给他寄一个简单一点的题目。"

谢苗诺夫表示赞同地说："没错，我们可以给他寄那两个箭靶的题目。"

有件事我忘了跟你们说，我们在这里一天到晚做的事情就是和别的孩子们一起练习射箭。而我们射箭用的靶子，就是我们凭着兴趣随便画出来的，可以说是千奇百怪。

我和谢苗诺夫各自挑了一个箭靶（图144）。这一个是我的，我还把一张纸条附在了上面：

"我被孩子们叫来参加射箭比赛，可是我来晚了，等我来的时候，他们的比赛已经结束了。每个人都射出去6支箭。毫无疑问，最后获胜的又是维佳——他射箭一直都比丹娘和谢苗诺夫准。维佳最后的得分是120分，丹娘的最后得分110分，而谢苗诺夫的得分只有区区100分。"

我问他们："你们每个人射中的都是什么地方？"

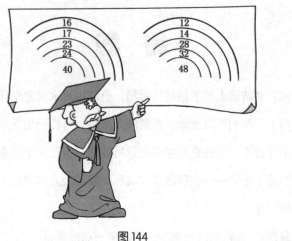

图144

但谢苗诺夫跟我说的却是："你自己猜一猜吧。我能告诉你的就只有我们所有人都是箭无虚发，全射在了靶子上。另外还要告诉你的是，只有一支箭射在了红心上，得了40分。"

"这你让我怎么猜啊？"

"你再把那个箭靶认真看一看，然后再仔细数数，应该就有结果了。"

"如果说莫斯科的天气没那么炎热了，敬爱的动脑筋博士，那您就好好猜一下吧！"

另外一个箭靶被谢苗诺夫选了。他的题目写得非常简单：

"有5个人射箭在这个靶子上。每个人都拿了100分。但是每个人射中靶子的位置却是不尽相同的。那么请问，这5个人射中的都是哪些位置？"

【解】如图144所示的第Ⅰ个靶图中，谢苗诺夫是这样得到100分的：射中17分4次，射中16分2次。

丹娘是这样射中110分的：射中23分两次，射中16分4次。

维佳得到的120分是：射中40分1次，射中16分5次。本来还有其他不同的方法可以得到120分，但因为谢苗诺夫和丹娘两个人都没有得到射中靶心的40分（如果他们有人射中靶心的话，他们的总分就有问题了），所以这一箭只能是维佳射中了。

第Ⅱ个靶（图144）

一、两次射中12分，2次14分，1次48分。

二、1次射中12分，1次32分，4次14分。

三、射中2次14分，4次18分。

四、射中2次32分，3次12分。

五、32分、14分、18分各射中1次，3次12分。

名师点评

长大后我就成了你！

物理不是一座孤岛！

一个好的物理学家可不仅仅是会物理，其他学科也要学好。

比如，有史以来最伟大的物理学家牛顿还是一位数学家，发明了微积分。胡克就是因为数学有点菜而错失了发现万有引力定律的。还有爱因斯坦，也是因为数学差了点儿，在研究广义相对论时还得请数学家帮忙完成曲率空间的建模问题。

动脑筋博士比牛顿还要厉害，他除了精通物理，还精通数学、逻辑，并且会讲故事。要知道，牛顿的语言表达能力可是不敢恭维的。

在这一章，你将真切地感受到动脑筋博士的博学多才。

下面，就只提博士的一个故事吧！

听说有一次动物课老师生病了，动脑筋博士去代班上课，竟然把动物课与代数、算术融合在一起。更想不到的是，这样的课还让学生疯狂地喜欢。你说厉害不厉害！

如果你想成为动脑筋博士这样的人，就赶快加入博士的课堂吧！有动脑筋博士的引领，你也会成为一个会动脑筋的小博士，就像一首歌唱得那样："长大后我就成了你。"

不过，我想如果动脑筋博士听到了，一定会笑着说："长江后浪推前浪，你是未来的希望！长大后你一定要超过我"。

当然，动脑筋博士也不是无所不知的，他也遇到过难题，听说有一次他就被玻璃容器里的水搞得晕头转向。如果你是一位热心肠的人，赶紧打开书往下翻，去帮助动脑筋博士解决掉这个难题吧。

还等什么，快快行动吧！